One Health
科普丛书

丛书主编/沈建忠

（修订版）

细菌与
抗生素之战

一场肉眼看不见的战争

主编/汪洋

蒋君瑶

史晓敏

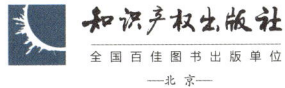

知识产权出版社
全国百佳图书出版单位
—北 京—

图书在版编目（CIP）数据

细菌与抗生素之战：一场肉眼看不见的战争 / 汪洋，蒋君瑶，史晓敏主编 .—修订版 . 北京：知识产权出版社，2024.12. —（One Health 科普丛书 / 沈建忠主编）. — ISBN 978-7-5130-9643-0

I . Q939.1-49；R978.1-49

中国国家版本馆 CIP 数据核字第 2024U9V255 号

内容提要

本书深入探讨了细菌的发现及细菌在地球和人类文明演进中所发挥的关键作用。书中这些生动有趣的故事详尽地向我们阐述了细菌的起源、基本特性，以及它们在多样化生态环境中所扮演的独特角色；揭示了在不同文化和历史背景下人类如何运用智慧与经验来对抗细菌带来的挑战。与此同时，本书也提出警示：在细菌进化不断强化自己的同时，国家、社会和我们每个人该如何举起"武器"，对抗耐药细菌感染。通过阅读本书，读者将对抗生素及细菌耐药性问题有更清晰的认识并进行更深入的思考。

责任编辑：郑涵语　　　**责任印制：**刘译文　　　**封面设计：**舒　丁

One Health 科普丛书 / 沈建忠主编

细菌与抗生素之战——一场肉眼看不见的战争（修订版）

汪　洋　蒋君瑶　史晓敏　主编

出版发行：	知识产权出版社 有限责任公司	网　　址：	http：//www. ipph. cn	
电　　话：	010-82004826		http：//www. laichushu. com	
社　　址：	北京市海淀区气象路 50 号院	邮　　编：	100081	
责编电话：	010-82000860 转 8569	责编邮箱：	laichushu@cnipr. com	
发行电话：	010-82000860 转 8101	发行传真：	010-82000893	
印　　刷：	天津嘉恒印务有限公司	经　　销：	新华书店、各大网上书店及相关专业书店	
开　　本：	720mm×1000mm　1/16	印　　张：	17.25	
版　　次：	2024 年 12 月第 1 版	印　　次：	2024 年 12 月第 1 次印刷	
字　　数：	220 千字	定　　价：	68.00 元	

ISBN 978-7-5130-9643-0

编委会

丛书主编 沈建忠

主　　编 汪　洋　蒋君瑶　史晓敏

编　　委（按姓氏拼音排序）

蔡瀚章　陈彦谕　池　丹　杜泽彬

顾丹霞　胡燕燕　李佳萍　李金樾

廖泽厚　林　迪　林冬媛　林晓伟

吕贺宁　吕泽洵　阮锦洋　沈若仪

司浣妍　苏颖辉　孙巧玲　索赵泰泽

谭　畅　田芸睿　王　茁　王　尧

许晓彤　闫广伟　张　嵘　张凯英

张莉蕴　张　岩　周文婧　邹之宇

丛书序

21世纪，经济全球化给我们的生活带来了翻天覆地的变化。人类在享受全球化飞速发展成果的同时，也面临着严峻的健康挑战。新型突发传染病、食品安全、环境污染等公共卫生事件频发。越来越多的研究发现，人类的健康与动物及生活的生态系统息息相关。人畜共患病因随着动物和人类之间的互动相互传播，而环境的变化可能会加速疾病的传播；抗微生物药物的滥用会导致病原体对药物产生耐药性，这些耐药的微生物会通过环境和食物链在动物和人类之间进行传播，最终导致抗微生物药物失效。近年来，国内外研究结果都在提醒人们，人类的健康不再是狭义的健康，"同一健康"（One Health）的概念应运而生。"同一健康"理念旨在可持续地平衡和改善人类—动物—植物—生态系统的健康，呼吁人们通过跨学科、跨部门、跨行业的合作，采用整体、系统的策略来识别人类—动物—植物—生态系统之间的相互联系。2022年10月17日，联合国粮食及农业组织（FAO）、联合国环境规划署（UNEP）、世界卫生组织（WHO）和世界动物卫生组织（WOAH）四方共同发布《"同一健康"联合行动计划》，为"同一健康"理念的践行提供了切实可行的行动计划。

　　为了增进公众对"同一健康"的认知，本着促进科学技术知识的普及和传播的初衷，中国农业大学和浙江大学的师生们精心策划了"One Health科普丛书"。本丛书紧密围绕"同一健康"主题，联合临床医学、动物医学、环境科学、食品科学等学科，着眼于与人类生活密切相关的健康问题，涵盖临床感染性疾病的诊治、食源性疾病、宠物健康、食品安全问题、抗生素耐药性问题等方面，深入浅出地传播微生物科学知识。希望通过对这套丛书的阅读，读者对人类—动物—植物—生态系统有更加深刻的理解和认识。

中国工程院院士

沈建忠

前　言

　　作为20世纪人类最伟大的发现之一，抗生素在感染性疾病的防控和治疗中发挥着举足轻重的作用。然而，随着它在临床和农业中的广泛应用，抗生素耐药问题日益严峻。这一问题不但严重威胁着公众的健康，也给全球的经济可持续发展带来了沉重的负担。越来越多的研究发现，抗生素耐药性可随着人类的活动在"人类—动物—环境"中相互传递，互为影响。因此，我们必须应用One Health理念，联合临床医学、动物医学、环境科学等多个学科，采用一体化的方法来应对抗生素耐药性的挑战，解决抗生素耐药问题。2022年，世界卫生组织、世界动物卫生组织、联合国粮食及农业组织和联合国环境规划署四方联盟共同制定了《"同一个健康"联合行动计划（2022—2026年）》。该计划提出了五年内人类重点关注的六大领域，其中包括抗微生物药物耐药性和环境。

　　抗生素耐药问题难以解决的一个非常重要的原因就是普通人群对抗生素的合理使用存在很大误区。2023年，四方联盟将"世界提高抗微生物药物认识周"（每年的11月18—24日）更名为"世界提高抗微生物药物耐药性认识周"，旨在提高公众对抗微生物药物耐药性的认知水平。作为世界上的人口大国，我国既是抗生素生产大国，也是抗生素使用大国，因此我们在推动抗生素合理使用和有效对抗抗生素耐药的问题上责无旁贷。2022年10月25日，国家卫生健康委、教育部、科技部、工业和信息化部、财政部、生态环境部、农业农村部、国家广电总局、国家医保局、国家中医药局、国家疾控局、国家药监局、中央军委后勤保障部卫生局联合发布《遏制微生物耐药国家行动计划（2022—2025年）》，从国家层面提出了细菌耐药防控工作的主要措施。《遏制微生物耐药国家行动计划（2022—2025年）》着重提到的重要措施包括加强公众健康教育，提高耐药认识水平。

抗菌药物的合理使用要从日常生活抓起。为了让更多的细菌与抗菌药物的知识从高校的象牙塔走向公众，中国农业大学和浙江大学的师生联手奉上了《细菌与抗生素之战——一场肉眼看不见的战争》一书。本书用妙趣横生的文字深入浅出地阐述了自然界的微生物、抗生素的发展及细菌耐药性形成的原因，旨在让不同年龄段的公众都能从中获取相关的知识，力求使合理使用抗生素的观念深入人心，从而推动合理使用、拒绝滥用抗生素的全民行动不断深入。

遏制细菌耐药性的发展，我们在行动！

目 录

※ 探索新境——与耐药细菌的攻坚战 ※

※ 超级药时代——抗菌新秀闪亮登场 ※

※ 个人抗菌手册 ※

微小的奇幻国度

——揭开细菌的神秘面纱

1. 生命伊始

中国古代哲学思想认为，天地万物都是由"气"构成的，无论星辰日月，万物生灵，寒暑变化，都是气的构造与显化。中国古人也把"气"作为认识疾病尤其是传染病及流行病的重要因素，《黄帝内经·素问·举痛论》曰："百病生于气也。"气被视为疾病的载体，气通行于各种解释中，能够弥合各种理论之间的分歧。自张仲景的《伤寒杂病论》问世后，中国古代医学便将内科疾病划分为因外邪引起的伤寒和由自身病变引发的其他疾病。针对引发伤寒的外邪，其基本理论主要依托于气的概念，如"四时不正之气""异气""杂气""戾气"等。而到了《瘟疫论》及清朝乾隆晚期后出现的医籍著作中，人们逐渐认识到疾病可能是由人体内某种非实体物质引起的，但仍未突破"气"这一认识框架。其中所提到的"非实体物质"，正是我们下面要介绍的微生物。❶❷

微生物的起源是一个复杂而令人着迷的科学谜题，科学家们在深入研究

❶ 于赓哲. 中国中古时期城市卫生状况考论 [J]. 武汉大学学报（人文科学版），2015，68（3）：65-75.

❷ KLOTZ S A，IANAS V，ELLIOTT S P. Cat-scratch Disease [J]. Am Fam Physician，2011，83（2）：152-155.

化石记录、分子生物学和天文学等多个领域的基础上，铸就了一幅富有活力和奇思妙想的微生物起源画卷。

在列文虎克（Leeuwenhoek）观察到细菌之前，人类已经凭借长期的实践经验将微生物运用在农业生产、食品加工和疾病预防中，如积肥、酿酒等。尽管列文虎克首次在显微镜下发现微生物标志着微生物学从史前时期进入初创阶段，但那时的人们普遍认为微生物是从非生物物质中自发生成的，即"自然发生学说"。中国古代曾言"腐草化萤❶""鱼枯生蠹❷"；埃及人则认为太阳照在尼罗河的淤泥上就会生出黄鳝和青蛙；公元前5世纪，古希腊的阿那克西曼德（Anaximander）提出最原始的生物是从海里的泥变化而来的观点；数百年后，亚里士多德（Aristotle）在《动物志》中指出："大多数鱼是由卵发育而成的，但有些鱼却是从雨水灌溉后干涸的泥土和砂砾中产生的。"从亚里士多德提出该理论到19世纪，关于生命起源的主流思想仍是自然发生学说。直到1862年，路易斯·巴斯德（Louis Pasteur）的著名文章《论空气中所含的微小粒子》一经推出，立即在学术界引起轩然大波，令人信服地揭示出在亿万年生物进化的大舞台上，即使是最为简单的微生物也无法在自然界中自发涌现出来。自此，那古老而陈旧的理论被巴斯德及其他支持他的学者们彻底推翻。❸

除了自然发生学说，还存在有生源说，这一学说的思想萌芽最早可以追溯到与亚里士多德几乎处于同一年代的希腊哲学家克萨戈拉（Anaxagoras），他提倡以"一切生命来自宇宙"这一观点为中心思想的生命外来学说。这一学说认

---

❶ 腐草能化为萤火虫，是中国古代的传统说法。古时误认为萤火虫是由腐烂的草变异而成。

❷ 鱼枯死了生虫。蠹（dù）：蛀蚀器物的虫子。

❸ 薛攀皋. 1932年生物自然发生说在中国沉渣泛起：一场科学同反科学的斗争 [J]. 中国科技史料，2002，28（1）：9.

为地球上最初的生命来自宇宙之中的其他星球，即"地上生命，天外飞来"。到了现代，有科学家在古老的陨石中发现氨基酸、核苷酸等物质，也进一步佐证了这一思想，即宇宙空间中存在的"生命种子"可能会通过陨石或其他途径抵达地球表面播种发芽，成为地球生命的起源。然而，现代科学研究指出，以已知星球上的自然条件，"生命种子"难以存活。这一理论实际上将生命起源的问题引向了广阔无垠的宇宙中，同时对于"宇宙中的生命是如何起源"，仍然缺乏令人信服的解释。

现如今科学界达成的共识是，约147亿年前，宇宙起源于一个极小极热的"奇点"，这个奇点包含了所有的物质与能量，在某个时刻，奇点发生了剧烈的爆炸，释放了极强的能量与辐射，同时创造了时间与空间，宇宙自此产生。诞生后的宇宙像一个巨大的反应容器般发生着数以万计的物理过程与化学反应，在漫长岁月中形成了各种生命产生所需的元素，这也被称作"生命大爆炸"。当然，生命的演化还需要特定的地质条件，如适宜的温度、湿度、固态岩石圈，以及适当的化学成分和物理条件。如果这些条件都能满足，多则2亿年，短则几千万年，便足以在这庞大的反应容器中孕育出最简单的生命形式。这些最初的生命起源发生在39亿~36亿年前，科学家们已经发现了一些生命的证据，包括微生物的实体化石、叠层石❶、有机质席纹层、微生物代谢导致的地化标识及细菌微管化石。这些早期的生命都是最低等的原核单细胞微生物。在太古宙❷早期，地球大气层的氧气含

---

❶ 叠层石是由藻类在生命活动过程中，将海水中的钙、镁碳酸盐及其碎屑颗粒粘结、沉淀而形成的一种化石。随着季节的变化、生长沉淀的快慢，形成深浅相间的复杂色层构造，叠层石的色层构造，有纹层状、球状、半球状、柱状、锥状及枝状等。

❷ 太古宙是地质时代的一个宙，距今约为38亿~25亿年前。

▲ 宇宙大爆炸理论模拟图

量较低，生物圈主要由一些厌氧的低等原核微生物群组成，包括古细菌（*Archaea*）、甲烷菌（*Methanogenus*）、铁氧化–还原细菌❶及硫细菌（*Sulphur bacteria*）等。随着时间的推移，生物圈逐渐发生演变，晚期出现了能够进行产氧光合作用的蓝细菌（*Cyanobacteria*）。与此同时，真核生物也逐渐崛起，为显生宙❷之初后生动物的爆发性大辐射❸和全新生态系统的形成奠定了生物学基础。❹

在35亿年前，单细胞微生物还是地球上唯一的生命形式，地球上各种生物的起源可追溯至这些微生物，这些微小又生命力强大的生命形式在地球演化过程中扮演了关键角色，对地球生态产生了巨大的影响。❺它们中有些微生物能够通过光合作用和化学合成作用，将太阳能转化成有机物，为整个生态系统

---

❶ 铁氧化–还原细菌包括还原菌［FeRB，iron (III) -reducmy bacteria］和铁氧化菌［FeOB，iron (II) -oxidizing bacteria］。

❷ 显生宙指"看得见生物的年代"，是开始出现大量较高等动物以来的阶段，包括古生代、中生代和新生代，从距今约5.7亿年延续。

❸ 爆发性大辐射通常发生在生物进化史上的某些关键时刻，最著名的例子是寒武纪大爆发。在寒武纪时期，地球上生物的物体与形态在短时间内激增。

❹ 史晓颖、李一良、曹长群，等. 生命起源、早期演化阶段与海洋环境演变 [J]. 地学前缘，2016，23（6）：128-139.

❺ SCHOPF J W. Fossil Evidence of Archaean Life [J]. Philos Trans R Soc Lond B Biol Sci, 2006, 361（1470）：869-885.

提供能量和物质的基础；有些微生物还是自然界的"生态工程师"，通过将有机物分解为无机物，促进了有机物的再利用，确保了生态系统的元素循环利用与稳定性。这一分解作用对土壤的形成与肥力的维持有重要意义，同时也能够调节大气中的化学成分与气候变化。它们的微小身躯承载着地球生态系统的巨大责任，编织着绚丽多彩的生命画卷。

根据人们目前对微生物的认知，可以按照细胞结构和组成的不同将其分为三种类型：原核细胞型微生物、真核细胞型微生物和非细胞型微生物，其中最为人熟知的就是细菌、真菌和病毒。微生物与人类共同生存了数百万年，它们既造福了人类，但也给人类带来过毁灭性的打击。这种"亦敌亦友"的关系贯穿了整个人类历史。对于人类来说，2020年出现的新型冠状病毒感染的暴发可能成为一个关键的转折点。人们经历了从全球严控防疫到逐渐解封的历程，这是一场前所未有的危机，也是对微生物关系的深刻反思，促使人类重新审视与微生物共存的方式。从某种程度上来说，人类仍然不够了解微生物这种简单而又复杂的生物，对于微生物的认知与研究可能成为我们解锁未知世界的重要钥匙。通过不断进步的科技手段，人们期望能够更全面地了解和善用微生物，预防和治理病原微生物，以更好地应对当前和未来的重大挑战。在这个共生的长河中，微生物既是谜团，也是解谜的关键，引领人们走向更健康、更安全的未来。

Tips："致命地带"中的极端微生物（extremophile）

微生物几乎是无处不在的，在我们难以踏入的生存禁区，也存在这么一群生命力极其顽强的微生物，它们能够"上刀山下火海"，向我们展示了生命的坚韧不拔与多样性，被称为"极端微生物"。

陆地地热泉是地球上最炽热的地方之一，然而，一些微生物却在这里找到了自己的栖息之地，科学家们也在此开创了极端环境微生物研究的先河。美国黄石国家公园中的陆地地热泉的温度高达 60~80℃、pH 大于 6.5，但 1969 年，微生物学家托马斯·布罗克（Thomas Brock）教授在这一大部分生物都无法生存的地方发现了一株嗜热微生物。在黄石国家公园这一惊奇发现让他将研究重心转向了生活在高温中的微生物。在随后几年的野外工作中，布罗克教授带领团队在火山口的多个热池、蒸汽出口和间歇泉池等地方发现了更多微生物，他最终将其命名为水生栖热菌（*Thermus aquaticus*）。随后生物化学家凯利·穆利斯（Kary Mullis）博士受水生栖热菌这一嗜热微生物的启发，从中分离纯化了一种能够耐受极高温度的脱氧核糖核酸❶（deoxyribonucleic acid, DNA）聚合酶——Taq DNA 聚合酶。Taq 一词正是取自水生栖热菌的属名 Thermus 首字母 T 及种加词 aquaticus 的前两个字母 aq。随后科学家们将 Taq DNA 聚合酶成功应用于聚合酶链反应（polymerase chain reaction, PCR）技术（一种用来放大扩增特定 DNA 片段的分子

---

❶ 脱氧核糖核酸（DNA）是一类携带遗传信息的核酸。核酸由核苷酸形成，根据结构可分为脱氧核糖核酸和核糖核酸（ribonucleic acid, RNA）。

生物学技术）中，它为现代生物学提供了巨大的推动力，打开了广阔的应用前景。❶

水生栖热菌的发现敲开了极端微生物生命科学研究的大门。极端微生物也存在于深海热液喷口、冰川和永久冻土、盐湖盐场、酸性矿井排水等看似致命的生态环境中。❷它们在这些独特的环境中仍能繁衍生息，让我们对生命又有了新的认识，更对早期地球生命模型系统的研究具有重大意义。

▲ 美国黄石国家公园中的陆地地热泉

---

❶ BROCK T D. Life at High Temperatures [J]. Science，1985，230（4722）：132-138.

❷ SHU W S，HUANG L N. Microbial Diversity in Extreme Environments [J]. Nat Rev Microbiol，2022，20（4）：219-235.

2. 揭开微生物世界的神秘面纱

在遥远的过去，地球上孕育着各种神秘而绚烂的微生物。在这微观的世界中，形形色色的微生物交织出一幅色彩斑斓的画卷，共同构筑着这个微小而神秘的生态系统。在微生物学这片奇妙的领域，科学家们发现了无数微小的生命，其中包括真菌、细菌和病毒等。你是否好奇这些微生物的"秘密"是如何被人们一个个揭开的呢？让我们一同穿越时光之门，揭开微生物世界的神秘面纱。

真菌的神秘历程

古希腊时期，爱琴文明时代希腊人最强大的城邦之一阿尔戈斯（Argos）附近坐落着古老的城市迈锡尼（Myceanae）。[1] 传说中，希腊英雄珀修斯（Perseus）曾亲手斩下了蛇发女妖美杜莎的头颅，建立了迈锡尼。在城市建立之前，珀修斯不慎掉落了剑鞘盖（希腊语中为Mykes），他认为这是神的指示，于是在此建城。还有另一传说称，珀修斯路过此地时饥渴难耐，于是捡食了一朵肥美多汁的蘑菇（希腊语中同样称为Mykes），他选择在此建城并最终命

---

[1] 李永斌. 迈锡尼时期希腊与埃及的物质文明交流 [J]. 首都师范大学学报（社会科学版），2023（1）：28-35.

名为迈锡尼。❶尽管这些传说的真实性难以考证，迈锡尼文明也随岁月荏苒而逝去，然而"迈锡尼"这个词却在菌物学领域继续闪耀其光芒。它不仅是真菌学（mycology）一词的词源，还作为词根嵌入了许多菌物的学名中，甚至在担子菌门❷下，有一个属直接以"迈锡尼"为名——小菇属（*Mycena*）。迈锡尼文明或许已逝，但在科学的语境中，它持续被人们传承，为生物学领域注入深厚的文化内涵。

包括大多数蘑菇在内的菌菇类生物其实都是真菌，一类产孢子、无叶绿体的真核生物，霉菌❸、酵母等微生物也属于真菌。人们从古代开始就将真菌用于实际生产，当时人们并不了解它的科学性质，但却发现了真菌在多个领域的实际应用价值。许多文明古国，包括古希腊、古罗马、古埃及和中国等，都有关于食用蘑菇的记载。猴头菇为齿菌科猴头菇属真菌，又称猴头菌，由于其味道鲜美，有"山珍猴头，海味鱼翅"之称。古代对猴头菇的文字记载最早可追溯到隋代，《隋书·经籍志》的《临海水土异物志》卷说："民皆好啖猴头羹，虽五肉臛不能及之，其俗言曰：宁负千石粟，不愿负猴头羹。"❹可见在古时人类就已经将猴头菇这类真菌作为食物食用。在中国，真菌入药已有十分悠久的历史，在《神农本草经》中，记载了"六芝"，即青芝、赤芝、黄芝、白芝、黑芝、紫芝。这些被称为"芝"的食药用物品中，有相当一部分属于真菌。古人利用他们的智慧，不仅将这些真菌的自身组织

---

❶ 赵鹏. 真菌学史概述 [J]. 生物学教学，2015，40（12）：2-3.

❷ 菌门（Mycota）是生物分类学中的一个等级，用于描述生物的分类。在生物分类系统中，"门"（Phylum）是比"界"（Kingdom）低一级、比"纲"（Class）高一级的分类单位。"菌门"用来表示真菌界下的一个大的分类单元，包括多种真菌和类真菌。

❸ 霉菌是具有菌丝体或孢子体的小型真菌。

❹ 汪锴，陈保送，宝丽，等. 猴头菌属药用真菌活性次级代谢产物研究概况 [J]. 菌物学报，2015，34（4）：553-568.

直接作为药物使用，还从真菌的组织或发酵菌液中提取出营养因子或代谢产物入药。此外，酒曲技术与中草药的巧妙结合催生了中药——神曲。人们将多味中草药加入面粉或麸皮中，通过发酵生长，得到含有细菌、真菌与放线菌等微生物的神曲。❶明代《医学入门》中记载："神，按六神而造；曲，朽也，郁之使生衣朽败也。"可见中药曲剂的历史之日久岁深。除了食用与入药外，真菌在古代酿酒发酵技术中也发挥着举足轻重的作用。

尽管蘑菇这一类真菌在人类眼中是形象实体，古人也一直利用一些真菌进行药用及面包、酱油和豆豉等食物酿造。然而直到近代，人们才开始逐渐揭示真菌这一类微生物的神秘面纱。奠定真菌学基础的是意大利植物学家皮耶尔·安东尼奥·米凯利（Pier Antonio Micheli），1729年，在他出版的书籍《植物新属》中，他不仅观察到了孢子❷，还发现在适宜的条件下孢子可以萌发并生长成原产孢子的同一种真菌。荷兰真菌学家克里斯蒂安·亨德里克·珀森（Christian Hendrik Person）被认为是现代真菌学的先驱，以双名法❸为基础建立了第一套菇类分类基础。随着20世纪分子生物学、生物化学、遗传学和生物技术的突破，真菌学的研究方法逐渐现代化。DNA测序❹和亲缘分支分类学❺为真菌多样性与演化的研究打开了新的大门，也挑战了许多传统以形态为基础的分类系统的观点，这些创新方法为人们更深入地了解真菌，并将它们与植物和细菌区分开提供了便利。

---

❶ 张欢，高胜美，王跃飞，等．中药"曲剂"发酵的物质和功能变化及机制研究进展 [J]. 中草药，2021，52（8）：2473-2479.

❷ 孢子是一些脱离亲本后能直接或间接发育成新个体的生殖细胞。

❸ 双名法是瑞典生物学家卡尔·林纳尤斯（Carl Linnaeus）创立的植物学名命名法。

❹ DNA 测序是测定 DNA 序列的技术。

❺ 亲缘分支分类学是根据生物种类的进化关系对生物进行分类。

细菌的发现之旅

早在17世纪，列文虎克首次通过显微镜观察到池塘绿藻和牙垢中的微小生物，他将其命名为微小生物（animalcules）。然而，当时的列文虎克并不清楚这些微小生物究竟是什么，直到200年后，人们才揭示了它们是无处不在的细菌，即一类缺乏细胞核膜❶、细胞骨架❷和膜性细胞器❸的原核生物。虽然列文虎克没有接受过高等教育与科学训练，但他对显微镜技术的改良，拉开了微生物学的序幕，极大地推动了18世纪和19世纪初期细菌学和原生动物学研究的发展。

▲ 列文虎克和他自制的显微镜

---

❶ 细胞核膜为细胞核的外界膜，在电子显微镜下观察其是双层结构。核膜上有均匀或不均匀分布的多数小孔，称为核孔，是细胞核与细胞质进行物质交换的通道。

❷ 细胞骨架是指真核细胞借以维持其基本形态的重要结构，被形象地称为细胞骨架。它通常也被认为是广义上细胞器的一种。

❸ 膜性细胞器指的是包含有膜结构的细胞器，包括双层膜的叶绿体、线粒体，单层膜的内质网、高尔基体、溶酶体和液泡等。

▲ "微生物学之父"路易斯·巴斯德

首次发现并证明细菌存在的是法国著名的微生物学家——路易斯·巴斯德（Louis Pasteur）。1854年，巴斯德来到里尔大学担任化学教授兼总务长，两年后有一名制酒厂的老板到校拜访巴斯德，希望他能够帮助找出葡萄酒酿造过程中发生酸败的原因。经过反复试验后，巴斯德在变质的陈年葡萄酒中发现了一种圆球状的污染物，它在酒内经过发酵后会产生一种细棍似的杆状微生物，故将其称为乳酸杆菌（*Lactobacillus*）。这种细菌在营养丰富的酒中经过长时间繁殖，成为了葡萄酒变酸的"罪魁祸首"。为了杀死这些乳酸杆菌而又不破坏葡萄酒原有的味道，巴斯德经过反复多次的试验，终于找到了一种简便有效的方法：把易发酵的液体在65℃加热30分钟或72℃加热15分钟，随后迅速冷却至10℃以下，乳酸杆菌被去除的同时可以保留液体中的营养成分。这就是著名的"巴氏灭菌法"，至今人们对牛奶进行消毒时仍采用这一原理。❶与巴斯德处于同一时代的德国科学家罗伯特·科赫（Robert Koch）同样对细菌学领域产生了深远的影响，他发现了特定细菌与特定疾病之间存在的关联，提出了鉴定传染病病原菌的基本原则——科赫法则。科赫法则使得细菌学不再仅仅是对微生物的观察和描述，而是朝着更系统、更有条理的方向迈进，推动了免疫学和流行病学等学科的蓬勃发展。

❶ BORDENAVE G. Louis Pasteur（1822—1895）[J]. Microbes Infect，2003，5（6）：553-560.

解码病毒

19世纪时，巴斯德和科赫等提出的细菌致病学说占据主流思想，人们普遍认为传染病均是由细菌或细菌产生的毒素引起，对病毒的存在知之甚少。病毒这类用普通显微镜也无法看见的微生物，人们究竟是如何揭开其神秘面纱的呢？病毒的概念又是怎么一步步发展起来的呢？

人类与病毒之间的战争似乎永无止境，仅仅是认识第一个病毒人类就花费了整整半个世纪的时间。东晋时期（317—420年）葛洪编撰的《肘后备急方》中写道："比岁有病时行，仍发疮头面及身，须臾周匝，状如火疮，皆戴白浆，随决随生。不即治，剧者多死。治得瘥后，疮瘢紫黑，弥岁方灭。"❶这是世界上最早对天花病毒（*Variola Virus*）感染引起疾病的文字记载，描述了天花暴发时的情境，当时多将天花病归咎于天灾人祸。然而人类通过发明牛痘疫苗，于1980年成功在全世界范围内消灭了这种病毒，这也是最早一个被人类彻底消灭的传染病病原体。

病毒与细菌不同，它是个体微小、结构简单的非细胞型生物，主要由核酸长链与蛋白质外壳构成。人类最早发现的病毒是烟草花叶病毒（*Tobacco Mosaic Virus*），该病毒的发现离不开一位德国农业化学家麦尔（Mayer）。1876年，麦尔任荷兰瓦格宁根农业试验站的主任，当时许多种植烟草的农民都遇到了同样的问题——烟草的叶子上会出现浅绿色的斑纹，十分影响烟草的质量与产量。通过一系列的研究，麦尔没有在光学显微镜中看到任何病原菌，因此认为这种疾病是由更小的细菌引起的，并于1882年将这种烟草病变命名为烟草花叶病。几年后，俄国生物学家伊凡诺夫斯

---

❶ 葛洪. 肘后备急方 [M]. 王均宁，点校. 天津：天津科学技术出版社，2005：42.

基（Ivanovsky）在麦尔研究的基础上加以改进并进行试验后，认为烟草花叶病是由细菌分泌的毒素引起。直至1897年，荷兰微生物学家拜耶林克（Beijerinck）重复了伊凡诺夫斯基的试验，将患烟草花叶病的烟草叶子汁液用尚柏朗过滤器❶过滤后，发现经过滤后的汁液仍具有感染性，但用光学显微镜并没在这些汁液中发现任何生物。这远远超出人们对细菌的认识，因为大多数细菌的直径都大于0.2微米，是不会滞留于尚柏朗过滤器的滤液中的。次年，拜耶林克用试验证明了经过滤后的汁液扩散到琼脂凝胶内部仍有感染性，他在论文中提出"传染性活流质"这一概念，并用"virus"来表示"传染性活流质"，也就是"病毒"这一词的来源，拜耶林克也因此被称为"真正的病毒学之父"。❷

自拜耶林克提出病毒的概念后，科学家们陆续发现了各种其他的"传染性活流质"，但这个比细菌还小的物质究竟是由什么构成的？众说纷纭，谜底仍然难以揭晓。推动病毒学的又一大进展是在1933年，美国化学家斯坦利（Stanley）启动了烟草花叶病毒结晶的相关研究。两年后，斯坦利获得了高浓度的烟草花叶病毒汁液，并分别用胰蛋白酶❸和胃蛋白酶❹对汁液进行处理，发现它们都能使汁液中的"传染性活流质"丧失传染性。因此，他认为烟草花叶病毒本质是一种蛋白质或与某种蛋白质密切相关。英国学者鲍登（Bawden）和皮里（Pirie）发现烟草花叶病毒的提纯液及晶体中还含有硫与磷

---

❶ 尚柏朗过滤器是由法国微生物学家查尔斯·钱伯兰（Charles Chamberland）发明的一种细菌无法滤过的过滤器。

❷ LUSTIG A，LEVINE A J. One Hundred Years of Virology [J]. J Virol，1992，66（8）：4629-4631.

❸ 胰蛋白酶是动物胰脏中提取的一种丝氨酸蛋白水解酶。

❹ 胃蛋白酶是动物胃中分泌的蛋白水解酶。

元素，其中磷元素为核酸特有而蛋白质中不存在的物质，所以当时两人得出结论：病毒是一种核酸蛋白质复合体。但仍未观察到烟草花叶病毒的具体形态。随着电子显微镜的发明，德国生物化学家考施（Kausche）首次使用电子显微镜观察到了烟草花叶病毒的形态。不同病毒的形态各异，有一些病毒甚至没有遗传物质，只由蛋白质构成。1959年，一位美国兽医哈德罗（Hadlow）在巴布亚新几内亚的一个食人部落发现参与过食人仪式后的人会产生类似羊瘙痒症的不正常抽搐现象，并将其命名为库鲁病（Kuru disease，源自当地语言的kuria或guria，意即颤抖）。直到1982年美国加州大学旧金山分校的史坦利·布鲁希纳（Stanley Prusiner）才进一步从感染羊瘙痒症的羊脑样品中纯化出感染因子，并将其命名为朊毒体（prion），也就是我们通常说的朊病毒。[1]至此，经过众多科学家数十年的努力，生物史上首个病毒的面貌谜团最终被破译呈现。时至今日，科学家们仍在不断深入研究病毒这一微小而又危险的生物，这些深入的研究成果还为开发创新性的病毒利用和病毒控制手段提供了宝贵的资源，为未来应对疾病和病毒在医学、生物学等领域中的潜在价值奠定了坚实的基础。

爱因斯坦（Einstein）曾说过："科学是永无止境的，它是一个永恒之谜。"在伟大梦想的支持下，人类对微生物探索的脚步也将继往开来，永不停歇。

---

[1] PRUSINER S B. Novel Proteinaceous Infectious Particles Cause Scrapie [J]. Science, 1982, 216（4542）: 136-144.

▲ 烟草花叶病毒的形态结构

Tips：原生生物（protist）是什么？

　　微生物大家族中除了细菌、病毒、真菌以外，还有原生生物这一成员——最低等、最简单的一类真核生物。

　　原生生物个体微小却高度灵活，大多数只有一个细胞，少部分为多个细胞组成，拥有细胞核和原生质膜包围的细胞器，是真核生物中的"特殊群体"。它们主要生存在水中，通过吸收外界的营养或以光合作用的方式进行自养❶。原生生物不会进行细胞分化❷，但它们却在多样的环

❶ 自养是生物利用自己创造的有机物来维持生活的营养方式。
❷ 细胞分化是同一来源细胞逐渐产生形态结构或功能不同的细胞类群的过程。

境中独创生存之道，小小的身体里具有维持生命和延续后代所必需的一切功能，如行动、营养、呼吸、排泄和生殖等。常见的原生生物包括纤毛虫、变形虫、疟原虫、浮游生物和海藻等。❶

原生生物虽然不进行细胞分化，但为了执行各种生物学功能，它们的结构复杂、变异多样，以千姿百态向我们展示了它们的演化历史和适应环境的能力，在数亿年的岁月中逐渐进化出植物、真菌和动物❷，构建了更加复杂多样的生命形态，谱写了宏伟的生命史诗，推动了地球生命的繁荣。

❶ IMACHI H，NOBU M K，NAKAHARA N，et al. Isolation of an Archaeon at the Prokaryote-eukaryote Interface [J]. Nature，2020，577（7791）：519-525.

❷ 袁训来，庞科，唐卿，等. 复杂生物的起源和早期演化 [J]. 科学通报，2023，68（Z1）：169-187.

3. 细菌的"核"心力量

　　到目前为止，对于谁是显微镜的发明者这个问题仍众说纷纭。但不可否认的是，这是一项对人类非常重要的发明。显微镜是一种通过透镜折射光来放大物体图像，用来观察用肉眼无法看到的物体的一种仪器。早在13世纪，人们就开始用简单的"显微镜"来观察事物，也就是我们现在所熟知的放大镜。但放大镜显然不能满足人们对微观世界的探索。于是，有很多科学家对显微镜进行了改造，其中一位作出了重大贡献的就是列文虎克，他改造的显微镜具有300倍数的放大倍率。科学家们用他的发明走进了微观世界，观察到了许多动植物的活细胞，为人们打开了细胞世界的大门。列文虎克于1674年在观察鱼的红细胞时发现一个"腔"——这是细胞核首次被观察到的记录（哺乳动物的红细胞并没有细胞核），但他并未对这一结构进行命名。随着显微镜技术的发展，越来越多的学者对动植物的微观结构进行了广泛的研究。1831年，英国植物学家、布朗运动❶的发现者——罗伯特·布朗（Robert Brown）在用显微镜观察兰花时，发现花朵外层的表皮细胞中有一些不透光区域，并将这个区域称为"areola"或"nucleus"，这就是现在被定义为细胞

---

❶ 布朗运动是指微小粒子表现出的无规则运动。

核的物质。而作为真核细胞的"掌中宝"，细胞核里面存放着生物体的遗传信息，扮演着维持生物体遗传信息、生物学功能和环境变化的核心角色，是维持生物体生命活动正常运转不可或缺的核心结构。❶

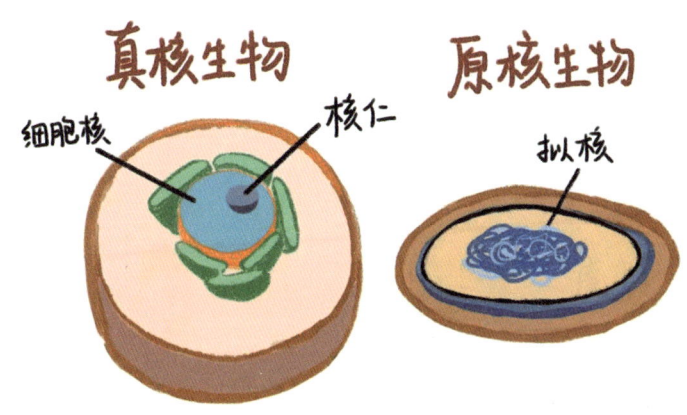

▲ 真核生物与原核生物细胞

随着显微镜技术的不断推广应用，科学家们发现细菌中同样也存在着能够发号施令的"行动指挥塔"——拟核（nucleoid，意为"与核相似"，又译为类核）。❷它的功能与细胞核相似，是遗传信息储存和复制的场所，但它没有核膜包裹，双链环状DNA分子紧密缠绕呈不规则状分布在菌体中。细胞核与拟核的发现对生物学的分类系统演变产生了重大的影响。罗杰·耶特·斯塔尼尔（Roger Yater Stanier）和科恩利斯·伯纳德斯·范·尼尔（Cornelis Bernardus Van Niel）于1962年发表了里程碑式的论文 *The Concept of a Bacterium*，首次将生物

---

❶ 翟中和，王喜忠，丁明孝.细胞生物学[M].3版.北京：高等教育出版社，2007.

❷ 拟核是存在于原核生物，既没有由核膜包被的细胞核，也没有染色体。

划分为原核生物与真核生物，并对原核生物进行定义——原核生物是没有等价的、结构分离的主要的细胞功能亚单位，生命树❶的结构框架就此基本形成。❷但15年后，即1977年，卡尔·理查德·沃斯（Carl Richard Woese）和乔治·爱德华·福克斯（George Edward Fox）通过试验推翻了原核生物与真核生物这一生物界分类树基本结构的普适假说。❸这两位学者提出了另外一域——古细菌❹（*Archaea*），他们认为古细菌与细菌、植物和动物截然不同，构成了生命的

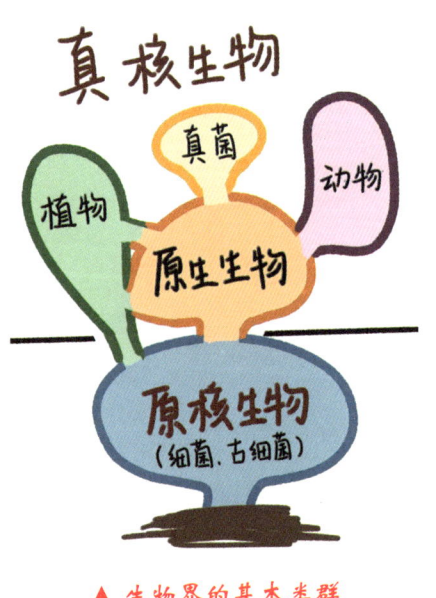

▲ 生物界的基本类群

"第三王国"。古细菌原界与真核生物原界（分为原生生物界、植物界、动物界和真菌界）、细菌原界共同形成了"三原界学说"，重新绘制了生物界分类树，并在1990年将"三原界学说"定名为"三域系统"（three-domain system）。❺而在这三域系统中，每个域都有其独有的特征，而细菌则是其中一个引人瞩目的部分，它与其他微生物又有什么相似与不同之处？

首先细菌属于原核生物，前文也提到了原核生物仅有拟核作为"行动指挥

❶ 生命树是一种常用于揭示生命之间的系统关系的方法。

❷ STANIER R Y，VAN NIEL C B. The Concept of a Bacterium [J]. Arch Mikrobiol，1962，42：17-35.

❸ WOESE C R，FOX G E. Phylogenetic Structure of the Prokaryotic Domain：The Primary kingdoms [J]. Proc Natl Acad Sci U S A，1977，74（11）：5088-5090.

❹ 古细菌是远古时代特殊生态环境下生活的细菌，其生活习性和化学组成都很特殊，适合生活于高温、高盐和缺氧的环境中。

❺ FORTERRE P. Carl Woese：Still ahead of our time [J]. mLife，2022，1（4）：359-367.

塔"，而没有核膜包裹，也不存在核仁结构，细菌身躯微小但实力不容小觑，它虽然不具备真核生物所具有的细胞器如内质网、高尔基体、溶酶体等，却同样能完成各种繁复的生命活动。其常见大小约为真核生物细胞的1/10，0.5~5.0 μm 长。细菌虽然形态各异却简单，大致可分为以下三类：呈棒状的杆菌、单个球形或多个球形巧妙组合的球菌及螺旋形的螺旋菌。如链球菌（*Streptococcus*）像一长串珠子，而葡萄球菌（*Staphylococcus*）则如其名，像一簇随机形成的葡萄，葡萄球菌的学名中的"Staphyle"正是来源于希腊语，意为"葡萄簇"。

细菌虽然构造简单，却能够通过各式各样的代谢方式获取生命之源，在复杂多变的环境中存活。细菌的代谢方式包括光能自养❶、化能自养❷和异养❸，而大部分真核生物均为异养生物，且对氧气的需求与依赖性较高。可细菌为什么需要这些独特的生存策略？这与细菌的快速增殖所带来的高水平营养需求密不可分，细菌采取二等分分裂法的方式进行无性繁殖，大多数细菌一分为二只需要短短的20分钟，只要条件适宜，它们就能够不断传宗接代，子子孙孙无穷匮也。生长与繁殖速度决定了细菌对营养的需求比真核生物更加复杂，且利用各种化合物作为能源的能力远大于真核生物，能够运用流水线式生产的方式生成各种生物大分子。❹

作为自然界中的"小巨人"，细菌微小的身躯中蕴含着巨大的生命能量，而细菌上述功能的实现也离不开细菌"微不足道"的身体构造，其小小的身体中究竟蕴藏着什么秘密呢？

---

❶ 光能自养指生物利用光将二氧化碳和水合成有机物的过程。

❷ 化能自养指微生物可通过还原性物质的氧化获取化学能以固定无机碳的过程。

❸ 异养指生物从外界摄取现有的有机物并转变为自身组成物质的过程。

❹ KOCH A L. Control of the Bacterial Cell Cycle by Cytoplasmic Growth [J]. Crit Rev Microbiol，2002，28（1）：61-77.

Tips: 世界上最早出现的细菌之一
——蓝细菌门（Cyanobacteria）

太古宙的生物圈可能以起源于厌氧光合自养细菌和深海中的化能自养细菌为主，在大约27亿年前出现了能够进行光合作用产氧的细菌——蓝细菌。蓝细菌由于具有叶绿素和类似藻类的外形特征曾被称为"蓝藻"或"蓝绿藻"，曾一度被科学家们划分至植物界中。[1]

但实际上这一光合原核生物与同样能进行光合作用的植物（真核生物）有着巨大的不同，它没有核膜、细胞器、染色体，具有一系列细菌的特征。到了20世纪60年代，有新的研究证据表明，"蓝藻"实际上是细菌，被归入细菌域中。蓝细菌的光合作用主要通过氧原光合作用和无氧光合作用进行，氧原光合作用发生在蓝细菌中的叶绿体样结构中，产生氧气并释放能量；无氧光合作用则不产生氧气。蓝细菌除了能够进行光合作用外还有固氮作用，可将大气中的氮气转化为含氮化合物。由蓝细菌的功能可见，它对整个生物演化、对整个地球都起着至关重要的作用。[2]

地球是一颗充满生机的蓝色星球，"鹰击长空，鱼翔浅底，万类霜天竞自由"。地球承载了生命的诞生，生命也在塑造地球，而真正改变地球面貌的，不仅有聪慧的人类，也有看似渺小却极致伟大的蓝细菌。

[1] 史晓颖，李一良，曹长群，等. 生命起源、早期演化阶段与海洋环境演变 [J]. 地学前缘，2016，23（6）：128-139.
[2] 段艳芳. 蓝细菌与产氧光合作用的起源 [J]. 科技视界，2023（9）：6-8.

4. 细菌"微不足道"的身体结构

你们听说过古细菌中的嗜盐古菌（*Haloarchaea*）吗？嗜盐古菌是一类能够在盐湖、盐场等高盐浓度环境中存活的古细菌类群，它们为了能够在这种极端环境下轻松生存，发明了一套"耐盐机制"，其中就有一个关于细胞壁的秘密武器。嗜盐古菌的细胞壁中含有多种蛋白质，它们通过调节这些蛋白质来改变细胞壁对盐的透过性，进而维持细胞内稳定的盐浓度。[1]细胞壁作为嗜盐古菌的一个基本结构对它的存活至关重要，因此对细菌结构与功能的深入了解有助于我们更好地了解和合理应用细菌。下面就让我们一起来认识一下细菌各种身体结构与相关功能吧。

细菌的基本结构主要包括细胞壁、细胞膜、细胞质及核质。细菌用于抵抗外界环境进攻的第一道防线就是细胞壁，细胞壁形如中国古代将士的护具"棉甲"。它轻盈、柔韧兼备，具有出色的防护能力，能够维持细菌的外形结构，阻挡有害物质对自身的攻击。而细菌在这一棉甲的基础上还加了一些"防爆装置"——革兰阳性菌，其主要成分是肽聚糖，是由聚糖链支架、四肽侧链和五肽交联桥三部分交织而成；革兰阴性菌，其细胞壁结构比阳性菌

---

[1] 韩帅波. 盐环境来源微生物多相分类及嗜盐古菌基因组适应性与演化研究 [D]. 杭州：浙江大学，2021.

复杂，由脂多糖、磷脂等复合组成。

而细胞膜就像藏在棉甲后的肉身，又称为细胞质膜，是一层富有弹性的半透明薄膜，主要化学成分是蛋白质和磷脂。这薄薄的膜不仅保护着细胞内部结构，还掌控着物质的进出，负责传递信息、吸收养分，进行营养物质代谢，还是合成核酸和蛋白质的场所，恰似细菌生活的调度中心。

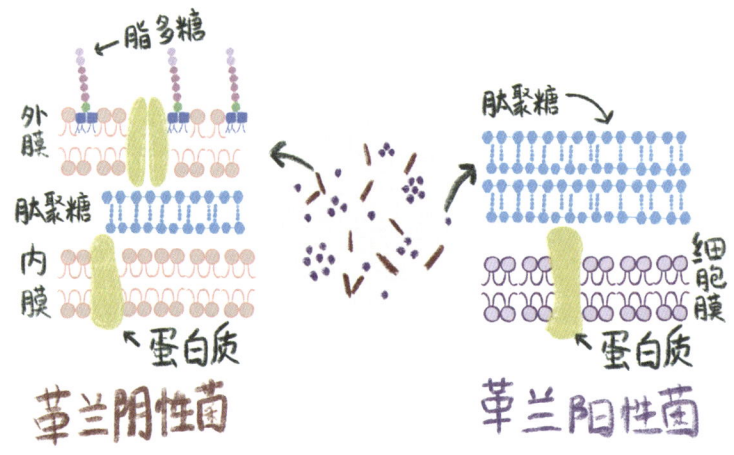

▲ 革兰阳性菌和革兰阴性菌细胞壁的差异

细胞膜所紧紧包裹保护的正是细胞质，这里有除拟核以外的所有物质，包括各种各样的细胞器如核糖体、质粒、间体及各种内含物等，它们各司其职，缺一不可。细胞质是细菌的主战场，是各种生化反应和生命活动的中心。

细菌是原核生物，并没有真正的细胞核，但它们有一个类似细胞核的结构——核质。拟核并不像细胞核一样有细胞核膜包裹，它分布在菌体中央，内含遗传物质双链环状DNA分子。这里是细菌的指挥塔，掌控着细胞的遗传信息，是决定细菌命脉的关键所在。此外，在细菌拟核之外还存在着一种独立存在、具有自我复制能力的双链环状DNA分子——质粒，它使细菌与细菌之间能够进行"通信"，发生基因水平转移❶。这种交换不仅是生物进化的基础，也让细菌能够迅速应对不同环境的挑战。

除此之外，有些细菌还存在一些特殊结构，如荚膜、菌毛、鞭毛和芽孢。部分细菌在其生命过程中能够在细胞壁外围产生一层包围整个菌体、边界清晰的松散黏液样物质，即荚膜。大部分细菌的荚膜主要由糖类组成，少数主要由多肽❷组成，也有极少数两者兼有，如巨大芽孢杆菌（*Bacillus megaterium*）。荚膜就像在细胞壁外面多加了一层战袍，充当前线将领的角色。它除了具有抵抗宿主吞噬的作用，也可能是某些致病菌重要的毒力因子，对宿主起到一定的威慑与侵袭作用。此外，荚膜也常作为"后勤部队"，即营养物质的储存地和代谢废物排出的场所。

大部分的革兰阴性菌和少数革兰阳性菌的菌体上有毛发状的细丝结构，称为菌毛，长度一般为0.2~1.5 μm。菌毛按功能可以分为普通菌毛和性菌毛。普通菌毛作为一种毒力因子具有黏附功能，能够使细菌紧紧附着在动物的消化道、呼吸道等黏膜上；性菌毛则是作为细菌与细菌之间通信交流的"社交工具"，两个细菌通过性菌毛直接接触，其中一个细菌能够将质粒传递给另一个细菌，这种信息传递的方式称为"接合"（conjugation）。

一些细菌菌体表面还存在一种比菌毛更长的结构——鞭毛，长度多为

---

❶ 基因水平转移指生物将遗传物质传递给其他细胞而非其子代的过程，主要发生在微生物中，常是由质粒介导。

❷ 多肽是由三个或三个以上氨基酸分子组成的化合物。

5~20 μm，主要由鞭毛蛋白的亚单位组成。鞭毛的种类繁多，大致可以分为：一端单毛菌、两端单毛菌、丛毛菌和周毛菌。鞭毛宛如指南针，通过有规律的收缩引起细菌运动，通过直线游动和原地乱转两种运动模式交替，帮助细菌有效实现趋利避害，做到"荒野求生"。

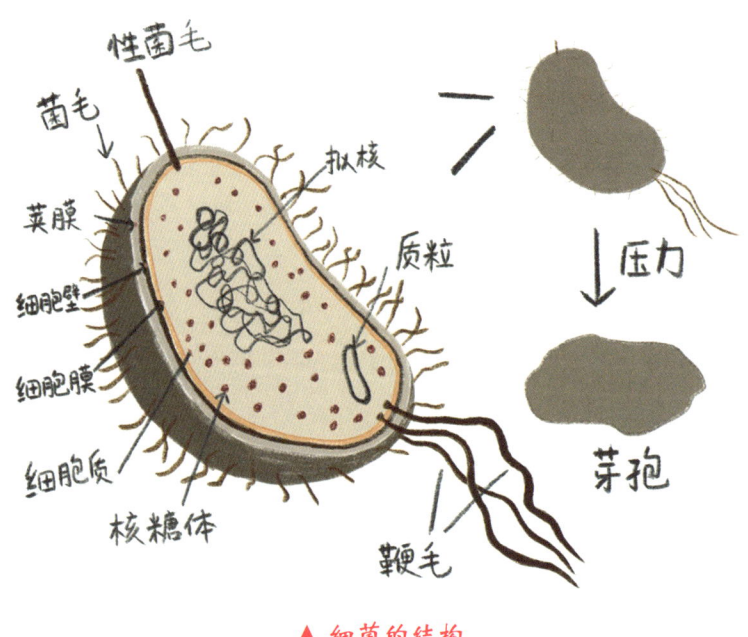

▲ 细菌的结构

正如壁虎断尾求生、乌龟缩壳等行为一样，细菌也有独特的自我保护机制，一些革兰阳性菌在特定的环境条件下会在菌体内形成一个圆形/卵圆形的休眠体——芽孢。芽孢的细胞壁和正常细菌的细胞壁相比更加的坚不可摧，对外界的不良环境具有强大的抵抗力。由于这一强大的特性，芽孢能否被杀灭已经成为评价消毒剂效果的手段之一。

细菌是大自然不可或缺的一部分，它"微不足道"的身体构造在自然界中发挥着举足轻重的作用。科学家们对细菌的结构与功能进行深入的研究，这为我们揭示了微观生命的奥秘，同时，对细菌特征的充分利用更是有助于新的生物制剂或生物材料等领域的发展，为更广泛的应用领域打开了广阔的发展空间。

Tips：迄今为止发现的最大细菌
——华丽硫珠菌（*Thiomargarita magnifica*）

细菌很小，不是人们肉眼所能见，但万事无绝对，并非所有细菌都是如此。近年来科学家发现自然界存在一种"细菌巨人"，它比大多数细菌都要大5000倍，犹如人类与珠穆朗玛峰之间的高差一般惊人。人们能够直接通过肉眼观察它，是迄今为止发现的最大的细菌，生长在加勒比沼泽腐烂的红树林叶子上的白色细丝束——华丽硫珠菌。[1]

海洋生物学家奥利维尔·格罗斯（Olivier Gros）早在10年前就已经发现了这种长细丝状的生物，但当时他并没有意识到这是一种细菌，直至2022年，他的研究团队对其遗传物质进行分析才发现华丽硫珠菌是一种硫珠菌属（*Thiomargarita*）的细菌。华丽硫珠菌单个细菌最长能达20 mm，平均长9 mm；它比其他任何细菌有更庞大的基因组，遗传物质DNA被包装在许多小膜囊中。他们将这一新发现的细胞器命名为"pepins"——在法

---

[1] VOLLAND J M, GONZALEZ-RIZZO S, GROS O, et al. A Centimeter-long Bacterium with DNA Contained in Metabolically Active, Membrane-bound Organelles [J]. Science, 2022, 376（6600）: 1453-1458.

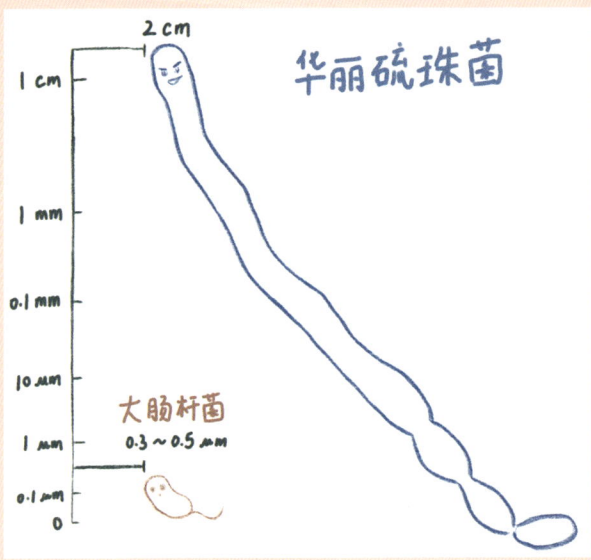

语中意为"瓜果核"。除了这一新发现以外，还有一个引人注目的大液泡，这一充满液体的液泡占据了约75%的细胞体积。❶

　　但或许还有更大、更复杂的细菌等着我们去发现呢！

▲ 华丽硫珠菌的外貌

❶ GRAHAM F. Daily Briefing : Largest Bacterium Ever Discovered is 2 cm Long [J]. Nature，2022.

5. 谈菌色变？

环境中存在着许多已知或未知的细菌，你是否曾经突然出现腹部疼痛甚至腹泻不止的情况？这很可能是由一些细菌所引起的症状。这些细菌可能是通过受污染的食物或水进入人们体内。进入人体的细菌仿佛找到了一条通往肠道的"快车道"，在肠道迅速繁殖并引发机体一系列不良反应[1]。对于这些能够引发疾病的细菌，我们将它们称为致病菌或病原菌。

在分子生物学发展之前，传染病病原体鉴定的金科玉律就是科赫法则。科赫法则的提出源于科赫对结核分枝杆菌（*Mycobacterium tuberculosis*）的发现。19世纪时，肺结核被称为"白色瘟疫"，当时的许多科学家绞尽脑汁也无法找到肺结核的致病菌。科赫作为一位偏僻小镇的医官却心系人民，如诸葛亮一般"山人自有妙计"，他意识到这种特殊的疾病必然是由一种特殊的微生物引起，只有将这种微生物分离培养出来才能进行进一步的研究。于是科赫用各种染料对病灶组织进行染色，在屡次尝试后，发现在亚甲基蓝[2]染色后的病变组织有一种从未见过呈细条状、弯曲、被染成蓝色的细菌。科赫

---

[1] 不良反应是指按正常用法、用量应用药物预防、诊断或治疗疾病过程中，发生与治疗目的无关的有害反应。

[2] 亚甲基蓝是一种有机化合物，可以对细菌染色后进行显微镜观察。

将患结核病的病灶组织注射到动物体内观察，发现所有患结核病的动物体内都能够观察到这种细菌。但科赫心思缜密、周到，继续将提取液接种到固体培养基上，分离出那种特殊的细菌并培养成纯净的菌种再注射到动物体内。通过这一系列复杂的试验，最终科赫终于向世人证明他找到了"白色瘟疫"的元凶——结核分枝杆菌。❶

然而，除了直接导致疾病的致病菌外，科学家们逐渐意识到还有一类细菌，即条件致病菌❷或机会致病菌——这类细菌并不是一成不变的"恶棍"，它们与宿主或许维持着一种微妙的平衡，或许开展着一场无声角逐，它们既可能是和谐共生的一部分，也可能在某一刻翻脸成为潜在的"恐怖分子"，导致宿主患病。在人类的口腔、肠道及女性生殖道中广泛存在着一种条件致病菌——脆弱拟杆菌（*Bacteroides fragilis*）。脆弱拟杆菌名称的由来与其需要生长在没有氧气的培养条件下有关，但实际并不脆弱。在健康状态下，定植在宿主肠道的脆弱拟杆菌与宿主建立了互利共生的友好关系，是帮助维持宿主健康不可或缺的组分之一。但当宿主的免疫屏障❸受损时，脆弱拟杆菌会迅速从天然健康的肠道保护伞转变角色❹，成为伤害宿主的反派之一，造成肠道菌群组成失衡，进一步引发宿主发生内源性感染❺。

但是，如果转变视角，我们就知道不应该把所有引发"拉肚子"的罪

❶ KOCH R. Die Ätiologie der Tuberkulose（1882）[M]. Berlin，Heidelberg：Springer Berlin Heidelberg，2018：113-131.

❷ 条件致病菌指原先不致病的正常菌群，在平衡被破坏之后发展成致病菌。

❸ 免疫屏障是防御异物进入机体的生理结构。

❹ ROCHA E R，SMITH C J. Ferritin-like Family Proteins in the Anaerobe Bacteroides Fragilis：When an Oxygen Storm is Coming，Take Your Iron to the Shelter [J]. Biometals，2013，26（4）：577-591.

❺ 内源性感染指引起感染的病原体来源于自身的体表或体内的正常菌群。

行都归咎到细菌身上。事实上，人体的肠道如同一片丰富多彩的热带雨林，其中栖息着各类微生物，这个庞大的微生物群落被统称为肠道菌群❶。这些肠道菌群相互之间在"质"与"量"上达到一种微妙的平衡，共同维护肠道健康，提升人体抵抗力。由此，人们提出益生菌这一概念，希望在用量合理的情况下，能够在原有的菌群上添加更多的有益菌为健康加分。其中乳酸杆菌是对人体肠道健康贡献最大的益生菌之一，它存在于许多日常食物中，如酸奶、奶酪和酸菜等。乳酸杆菌在人体肠道中充当和平使者，与其他肠道微生物通力合作维护肠道的生态平衡。当有威胁出现时，乳酸杆菌作为一支精锐部队能够刺激并增强肠道的特异性与非特异性免疫功能，促进黏液素❷的分泌，确保肠道有着坚不可摧的屏障。此外，当乳酸杆菌等有益菌占上风时，还能够通过与有害微生物竞争营养物质进而抑制它们的生长与繁殖。❸ 2023年，弗吉尼亚大学医学院的研究人员发现，食用发酵食品和酸奶中的乳酸杆菌，可以帮助身体管理压力，可能有助于预防抑郁和焦虑，这一发现或许为种种心理健康障碍开启新疗法的大门。❹但"是药三分毒"，不管是益生菌，还是它相关的制剂功能如何强大，都不能进行盲目崇拜，身体不适最好的处理方式还是接受医疗人员专业的检查和治疗。

---

❶ 肠道菌群是人类肠道中的正常微生物群。

❷ 黏液素是一类动物上皮组织表达的高度糖基化的蛋白质。

❸ 章文明，汪海峰，刘建新. 乳酸杆菌益生作用机制的研究进展 [J]. 动物营养学报，2012，24（3）：389-396.

❹ MERCHAK A R，WACHAMO S，BROWN L C，et al. Lactobacillus from the altered schaedler flora Maintain IFN γ Homeostasis to Promote Behavioral Stress Resilience [J]. Brain Behav Immun，2024，115：458-469.

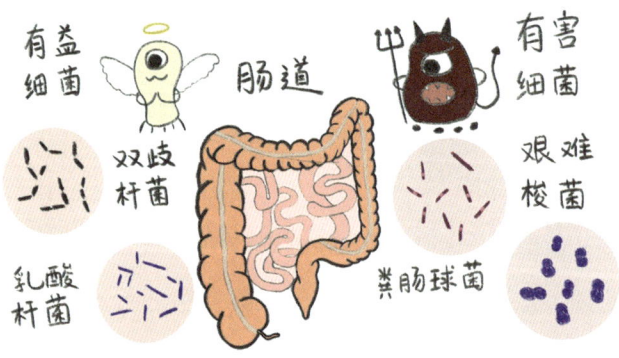

▲ 肠道中的有益细菌与有害细菌

目前科研人员根据细菌对宿主或环境的影响及应用，将细菌分为病原菌、条件致病菌、益生菌及工程菌。工程菌与其余三种天然存在的细菌不同，它们是采用现代生物工程技术加工得到的微生物，是使外源基因得到高效表达的菌类细胞株系，具有多功能、高效与适应性强等特点，是人们进行各种试验或生产的小帮手。工程菌在医学领域大显身手，科学家曾将人的胰岛素基因送入大肠埃希菌（*Escherichia coli*，俗称大肠杆菌）的细胞中，让胰岛素基因和大肠杆菌的遗传物质相融合，利用大肠杆菌的细胞合成人的胰岛素。随着大肠杆菌的繁殖，胰岛素基因也代代相传，子代大肠杆菌也能够合成胰岛素。就这样大肠杆菌作为工程菌，源源不断地生产胰岛素，不仅降低了胰岛素的生产成本，更满足了日益增多的糖尿病患者的临床需求，每年有数百万人从中受益。[1]工程菌除了能够生产抗生素等药

---

❶ GOEDDEL D V, KLEID D G, BOLIVAR F, et al. Expression in Escherichia coli of chemically synthesized genes for human insulin [J]. Proc Natl Acad Sci U S A, 1979, 76 （1）: 106-110.

物外，甚至能够生产食品添加剂、工业原料等，其应用之广泛超乎我们的想象。

人们总是谈菌色变，听到"细菌"二字，就认为它都是有害的。事实上，细菌包罗万象，没有它的存在人类甚至难以生存。我们应该放下对细菌的偏见，在防治致病菌感染的同时，充分利用细菌为人类服务。如今，益生菌与工程菌的应用达到了新的高峰，它们为人类的生活带来了无限可能。这些细菌的研究之路充满了创新和探索，帮助我们构建一个更加美好的未来。

Tips：益生菌、益生元和合生元傻傻分不清？

益生菌的英文名"probiotic"，源于希腊语，意为"为了生命"。而益生菌这一概念最早是由俄国生物学家埃利·梅奇尼科夫（Élie Metchnikoff）于20世纪初提出，当时认为人们能够通过食物的摄入影响肠道微生物，使有益菌增加，取代有害菌。直到1989年，英国科学家罗伊·富勒（Roy Fuller）才给出了益生菌的定义：一种活的微生物补充剂，摄入后通过稳定人或宿主体内定植的肠道微生物平衡，发挥有益于宿主的作用。❶随着现代科学研究的发展，我们对益生菌也有了更深刻的认识。直至2001年，世界卫生组织（WHO）和联合国粮农组织（FAO）给出了对益生菌认可度较高的官方定义：是活的微生物，当摄取足够数量时，对宿主健康有益。

---

❶ FULLER R. Probiotics in Man and Animals [J]. Appl Bacteriol，1989，66（5）：365-378.

益生元（prebiotics）简单来说就是益生菌的"食物"，其成分人体难以消化吸收（多为碳水化合物聚合物），但它像一剂兴奋剂能够通过选择性地刺激某些固有菌群的生长和活力，进而对宿主产生有益的生理作用，从而改善宿主的健康状况。[1]

合生元，又称为后生元（postbiotics），是益生菌经加工处理后的益生菌代谢物成分统称，通俗来讲就是益生菌和益生元的混合物，它们相辅相成，共同建立胃肠道良好的微生态环境。

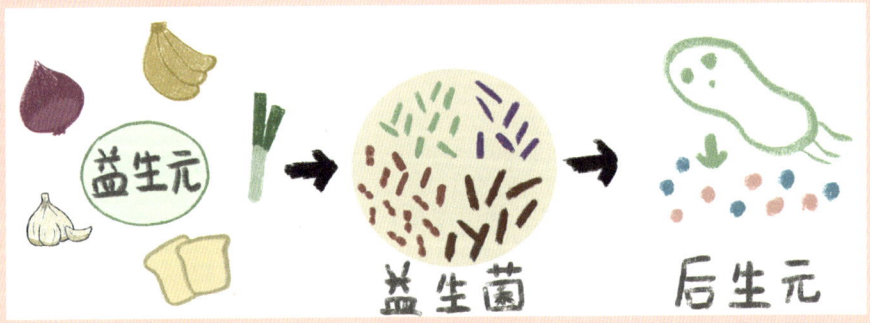

▲ 益生菌、益生元和后生元的区别

[1] GIBSON G R, HUTKINS R, SANDERS M E, et al. Expert Consensus Document: The International Scientific Association for Probiotics and Prebiotics（ISAPP）Consensus Statement on the Definition and Scope of Prebiotics [J]. Nat Rev Gastroenterol Hepatol, 2017, 14（8）: 491-502.

全球微生命

——各司其职的细菌

6. 揭秘土壤中的细菌王国

　　1856年，可能谁也没曾想过，出生于俄罗斯一个律师家庭的维诺格拉茨基（Winogradsky）在多年后成为了现代土壤微生物学的奠基人。在音乐学院进行两年的音乐培训后，他于1877年在圣彼得堡大学又学习了化学和植物学，后加入了位于斯特拉斯堡大学的安东·德·巴里（Anton DeBary）实验室。在那里，他对硫氧化细菌❶进行了研究，这段经历让其对化学岩石营养理论有了深入了解。随后，他搬到瑞士苏黎世，在那里完成了关于细菌硝化作用的不朽工作。他分离出第一批硝化细菌的纯培养物，并证实它们可以将氨转化为亚硝酸盐，继而将亚硝酸盐转化为硝酸盐。在这之前，人们认为自养生物仅从光中获取能量，而维诺格拉茨基的这一发现让人们意识到植物和硫化细菌这一类生物可以以无机化合物为营养进行生活和繁殖。不久后，他回到俄罗斯，在那里第一个分离出一种自由生活的固氮细菌。固氮细菌（如根瘤菌属）是土壤中的一种有益细菌，能将大气中的氮转化为植物可以利用的氨，同样也是硝化细菌可以利用的能源。在科学界取得巨大的成功后，他

---

❶ 硫氧化细菌通过氧化硫化物（如硫化氢、硫黄）来获取能量，这一过程中会产生硫酸盐。这类细菌在硫循环中扮演着重要的角色，帮助将硫从环境中移除。

回到乌克兰的家族庄园里度过了 15 年。但随之而来的革命迫使他逃离俄罗斯，晚年他加入了巴黎巴斯德研究所，在那里他花了 24 年的时间开创和发展了微生物生态学领域。❶

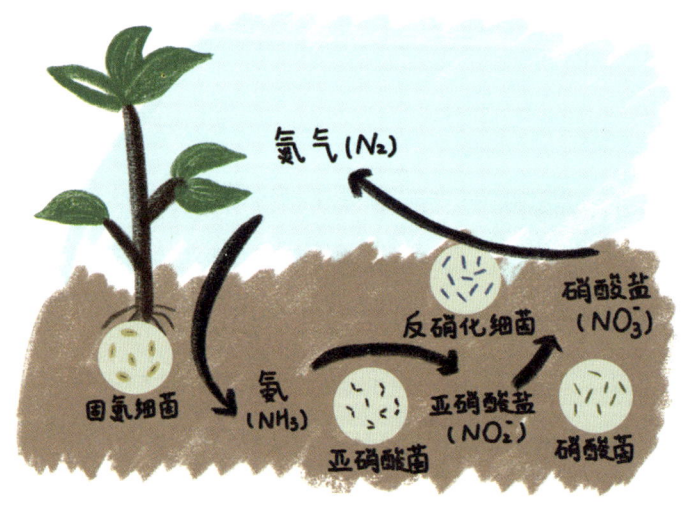

▲ 参与氮循环的细菌

在维诺格拉茨基的工作成果发表前，人们可能没意识到，在毫不起眼的土壤中，其实生存着许多生物，为了争夺有限的资源如养分和空间，各种微生物之间进行着各种斗争。在微生物之间的这些斗争中，一些细菌会产生抗菌物质来抑制或杀死竞争对手，从而获得生存优势。放线菌目（Actinomycetales）的细菌就是其中的佼佼者，它们是一类厌氧的革兰阳性菌，具有丝状和分枝的菌丝体，就像植物的根一样在土壤中"生根"。放线菌主要生活在土壤中，

❶ DWORKIN M. Sergei Winogradsky：A Founder of Modern Microbiology and the First Microbial Ecologist [J]. Fems Microbiol Rev，2012，36（2）：364-379.

有些也能与植物形成共生固氮的关系。许多放线菌在长期的进化中产生抗菌物质，链霉素和放线菌素等抗生素就是从放线菌中分离出来的活性物质，目前有三分之二的天然抗菌药物都是从放线菌中分离得到的。[1]除此之外，土壤中还有很多"好细菌"，如分解细菌，可以帮助分解有机物，促进养分循环；菌根真菌，与植物根系共生，帮助植物吸收水分和矿物质。相应地，土壤中也有对生物有害的细菌，如植物病原性黄杆菌属（*Flavobacterium*）、农杆菌属（*Agrobacterium*）等，可以引起植物的腐烂或疫病；还有一些病原菌如布鲁氏菌（*Brucella*）、炭疽杆菌（*Bacillus anthrax*）、沙门氏菌（*Salmonella*）埋伏在土壤中，可以引起人类及动物的疾病。

还有一些土壤环境是人们难以触及的，如北极圈和高原上的冻土，它们是由土壤或岩石在长时间（至少两年）低于0℃的条件下，内部含有冻结水分的自然地表层，对地球的气候系统、水文循环和生态系统有重要影响。在冻土这种极端环境下，一些生存在温度较低的微生物［如嗜冷细菌（*Psychrophile*）］产生了特殊的低温适应性。它们改变自身细胞膜的脂质组成，通过提高不饱和脂肪酸[2]与饱和脂肪酸[3]的比例，保持细胞膜的流动性；同时还能产生特殊的蛋白质或其他分子，如冷休克蛋白[4]、抗冻蛋白[5]等，使细胞能够在低温条

---

[1] BENTLEY S D，CHATER K F，CERDEÑO-TÁRRAGA A M，et al. Complete Genome Sequence of the Model Actinomycete Streptomyces Coelicolor A3（2）[J]. Nature，2002，417（6885）：141-147.

[2] 不饱和脂肪酸是一类健康的脂肪，其碳链中至少有一个双链，让它们的分子形状更"弯曲"。这个结构让不饱和脂肪酸分子不能紧密堆积在一起，因此它们在室温下通常是液体，比如我们熟悉的橄榄油或鱼油。

[3] 饱和脂肪酸是脂肪酸的一种，其特点是碳链上的所有碳原子都通过单键与氢原子或其他碳原子相连，没有双键。这使得饱和脂肪酸在室温下通常为固态。

[4] 冷休克蛋白是指当环境温度降低时，生物体会产生一组蛋白质来适应环境的变化。

[5] 抗冻蛋白是指一种能抑制冰晶生长的蛋白质或糖蛋白质，提供生物体的抗冻能力。

件下存活；当它们实在无法适应恶劣环境时，就会通过进入休眠状态来限制代谢活动。❶

这些人类难以到达的冻土层或古老的盐矿对于科学家来说，蕴藏着无尽的宝藏，这里储藏着许多休眠的微生物，一些古老的生物可能数百万年未发生变化，等待人们揭开它们身体中隐藏的秘密。1959年，科考人员在苏格兰的化石地点发现一种生活在4亿多年前的古老蓝藻，通过详细的三维重建，科学家们能够更好地理解这些微生物是如何影响早期陆地生态系统的。它们为科学家提供了研究早期地球生命形式和演化过程的独特机会，对了解地球的微生物历史和生命的极端适应性具有重大意义。❷

❶ SHU W S，HUANG L N. Microbial Diversity in Extreme Environments [J]. Nat Rev Microbiol，2022，20（4）：219-235.

❷ STRULLU-DERRIEN C, FERCOQ F, GÈZE M, et al. Hapalosiphonacean Cyanobacteria（Nostocales）Thrived Amid Emerging Embryophytes in an Early Devonian（407-million-year-old）Landscape [J]. iScience，2023，26（8）：107338.

Tips: "大有作为"的硝化细菌

硝化细菌不仅存在于土壤中，还存在于富含氧气的水体或砂层中。这类细菌并不单单指一种细菌，而是一群偏好生活在氧气充足环境中的细菌，包括亚硝酸菌和硝酸菌，它们相互配合，亚硝酸菌负责把氨转化为亚硝酸盐，硝酸菌则会将产生的亚硝酸盐转化为硝酸盐。

随着水产养殖业的快速发展，养殖水域环境质量日益下降，尤其在养殖密度大的水体中，水体的自净能力不强，养殖过程中产生的粪便和残饵等给异养型细菌（如氨化细菌）提供了大量食物来源，它们会将粪便和残饵等分解并释放出氨，进而导致水质恶化，甚至引发水生生物死亡。而硝化细菌这一分解氨和亚硝酸盐的作用让水产养殖业看到了希望的曙光——硝化细菌可以起到净化水质的作用！❶

一系列与硝化细菌相关的微生态制剂应运而生，除了在水产养殖业中广泛应用外，由于其使用方便、效果立竿见影等优点，也越来越受到鱼友们的欢迎。但要让硝化细菌发挥最佳效果，还需要"小心伺候"。硝化细菌天生娇贵，属于"温室里的花朵"，对生存环境要求严苛，不可怠慢。硝化细菌生长缓慢，光照对硝化细菌的生长繁殖都有抑制作用，它们对温度和pH也较为敏感。❷所以要让硝化细菌高效工作，还需要为它们私人定制一套工作环境！

---

❶ 高金伟，张海红，陈瑞楠，等. 硝化细菌与枯草芽孢杆菌对养殖水质调控作用研究 [J]. 天津农学院学报，2014，21（1）：5-8.

❷ 汪彩华，郑平，唐崇俭，等. 硝化污泥保藏特性的研究 [J]. 环境科学学报，2011，31（3）：560-566.

7. 空中漫游者

不仅土壤中存在着细菌，生物气溶胶❶中也有许多我们看不见的漫游者——细菌，它们通常通过空气中的微滴进行传播，特别是在密闭或通风不良的环境中，其中还包含一些具有致病性的细菌：肺炎克雷伯菌（*Klebsiella pneumoniae*）可能导致人和小动物患上肺部疾病；金黄色葡萄球菌（*Staphylococcus aureus*）可能引起皮肤感染和呼吸道感染；肺炎链球菌（*Streptococcus pneumoniae*）可导致肺炎等呼吸道感染。我们身体中存在的"免疫屏障"可以抵抗住大部分有害细菌，但当自身免疫力抵抗不住细菌的侵入时，人体就会出现疾病。

最臭名昭著的空中漫游者就是引起"白色瘟疫"的结核分枝杆菌。这种细菌能够通过结核病患者咳嗽、打喷嚏或说话过程中所产生的飞沫散布在空气中，从而传播并感染其他人。这种疾病自古就有记载，17—19世纪，在欧洲暴发了一次结核病大流行，几乎所有的欧洲人被感染，25%的欧洲人因此死亡。❷这可能与当时严重的环境污染，以及工人生产、居住和公共卫生条

---

❶ 生物气溶胶是悬浮在空气中的微小生物颗粒或与生物有关的物质。

❷ ZÜRCHER K，ZWAHLEN M，BALLIF M，et al. Influenza pandemics and tuberculosis mortality in 1889 and 1918 : Analysis of historical data from Switzerland [J]. PLoS One，2016，11（10）：e0162575.

件简陋有关。结核病在历史上曾有过很多个别称，希腊人用phthisis形容它，意为"消耗"，因为它是一种消耗性疾病，患者长期咳嗽，伴有胸痛；在中国它还有个耳熟能详的名字——肺痨，著名的文学家鲁迅就是因为这个病而去世的；在欧洲结核病也被称为"浪漫疾病"，波兰作曲家肖邦（Chopin），俄国作家契柯夫（Chekhov），英国诗人雪莱（Shelley）都患有这种疾病，他们认为结核病有助于提高艺术天赋，上流社会的女性甚至会故意将皮肤变白，以达到结核病的外观。但这是一个极为错误的观点，结核病是一种非常严重的传染病，在2022年仍能导致全球130万人死亡。[1]雾霾作为一种特殊的空气形式，是由于颗粒物（particulate matter，PM）浓度持续积累而形成的一种天气。雾霾天空气中可能含有多种细菌，包括潜在的致病菌和过敏原[2]，对人们的健康产生不利影响。在曾经的一次严重雾霾天气中，发现包括细菌、真菌和病毒在内的微生物聚集在PM2.5和PM10中，其中包括许多与土壤相关且非致病性的细菌，还检测到了一些已知可引起过敏和呼吸道疾病的微生物，如肺炎链球菌和曲霉菌（*Aspergillus fumigatus*）[3]，这些空气污染严重的地区似乎具有更多种类的"空中漫游者"。

那么在人们看来很"干净"的地方是不是就没有这些"漫游者"了呢？答案是否定的，就算是相对无菌的手术室也不能完全保证一个细菌也没有，它只是医生在经过各种手段消毒灭菌后所营造出来的一个相对安全的空间。

---

[1] BAGCCHI S. Who's Global Tuberculosis Report 2022 [R]. Lancet Microbe，2023，4（1）：e20.

[2] 过敏原是指致敏人类的抗原物质，亦称为变应原。

[3] MOELLING K，BROECKER F. Air microbiome and pollution：Composition and potential effects on human health，including SARS coronavirus infection [J]. J Environ Public Health，2020（1）：1646943.

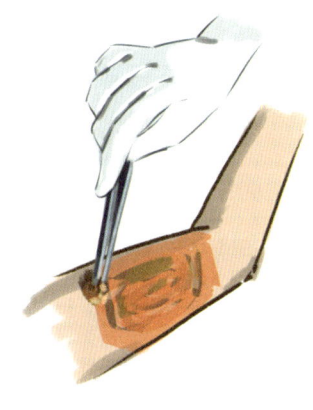

▲ 术前的消毒

令人震惊的是，最早的手术室其实是一个用来给医科学生"观摩"的开放性环境，外科医生们穿着便装，赤手操作。因此，当时很多患者在接受手术后，不但没有痊愈，反而死于术后感染。为了避免这种情况的出现，许多外科医生对手术操作进行了各种改进，包括对手术服的灭菌、对手术室环境的消毒、手术手套的引入等，其中也包括对伤口的消毒。1865年，约瑟夫·李斯特（Joseph Lister）在检查一名遭遇车祸的小男孩触目惊心的伤口时，利用石炭酸（苯酚❶的俗称）进行消毒，几周后，他惊讶地发现小男孩的伤口已愈合且没有化脓。这种消毒剂不仅治好了许多患者，同样也推动了无菌手术的进步。事实上，空中的这些"漫游者"可能一直想找机会从人们的皮肤伤口中钻入体内，但人们现在已经会熟练地使用消毒剂（碘伏❷、乙醇等），在一定程度上阻挡了细菌的攻击。

❶ 苯酚是一种有机化合物，化学式为 C_6H_5OH，是具有特殊气味的无色针状晶体，有毒，是生产杀菌剂、防腐剂及药物的重要原料。
❷ 碘伏是单质碘与聚乙烯吡咯烷酮的不定型结合物，常用作杀菌消毒剂。

Tips：为什么我们不一次性把细菌消灭掉？

我们经常听到"消毒灭菌"的说法，但实际上，我们并不希望也不可能彻底消灭所有细菌。这是为什么呢？

首先，我们要明确消毒和灭菌的概念。消毒是指使用物理或化学方法去除、杀死病原体或使病原体失活，尤其是细菌、病毒和原生动物等微生物。消毒的目的是将这些病原体减少到安全水平，从而降低感染和传播疾病的风险。消毒通常不保证完全杀灭所有微生物，但能够显著降低它们的数量，达到控制感染风险的目的。常见方式是用乙醇、碘伏等消毒剂或紫外线等方式进行消毒。灭菌是指使用物理或化学方法完全消灭或去除所有形式的生命和其他生物学活性物质的过程，这包括所有类型的微生物，如细菌、病毒、真菌和孢子。灭菌的目标是达到绝对的无菌状态，即完全没有任何活性微生物存在，常用在工业生产、医疗和科研等行业，通过化学试剂、辐射和高压等方式完全去除微生物。

细菌虽然经常被视为疾病的源头，但它们不但是自然界中物质循环的关键推动者，能维持生态系统的平衡，而且在人类健康中也扮演着不可或缺的角色。人的身体内部，特别是在肠道中，寄居着大量的细菌，这些细菌可以帮助消化食物，合成必需的维生素，甚至影响我们的免疫系统。如果尝试一次性消灭所有细菌，可能会导致生态系统的崩溃，对人类健康产生严重的负面影响。更重要的是，过度使用抗生素和消毒剂可能导致细菌产生耐药性，这意味着一些原本可以被治疗的疾病变得难以控制。

　　因此，人类的目标不是消灭细菌，而是学会与它们和谐共存。通过适当的卫生措施和有针对性的消毒、灭菌方法，我们可以有效地控制有害细菌的数量，同时保护那些对人类有益的细菌，维护生态平衡和个人健康。在这个过程中，不仅保护了自己，也保护了人类赖以生存的星球。

▲ 消毒灭菌措施

8. 深海奇迹

在神秘寂静的深海中有些会发光的细菌。它们能在黑暗中释放出令人惊叹的光芒，这就是生物发光。一旦遇到氧气，发光细菌体内的荧光素便会与酶发生反应，释放出光能。这种光能以蓝色或绿色荧光的形式释放出来，在海面上绽放出一场迷人的光之舞。[1]在 2008 年四川汶川大地震的重建工作中，这些微小的细菌发挥了巨大的作用：地震后，灾区的供水系统遭受严重破坏，水质安全受到了极大的挑战，而发光细菌，特别是新型淡水发光菌青海弧菌 Q67（*Vibrio qinghaiensis* sp. -Q67），成为检测水源毒性物质的有效工具。当发光细菌遇到毒性物质时，它们产生发光物质的工具（酶系统）遭到破坏，细菌死亡，不再产生光亮，因此可以判定水中存在一些具有生物毒性的物质。它们为救援人员快速检测了 126 处饮用水源，为确保当地居民的饮水安全提供了及时而准确的信息，大大减轻了当地疾控人员的工作负担。[2]

无独有偶，在深海中"闪闪发光"的细菌也不只是发光细菌。2016 年，

[1] 杜宗军，李海峰，池振明. 发光细菌的研究和应用 [J]. 高技术通讯，2003，13（12）：4.

[2] MA X Y，WANG X C，NGO H，et al. Application of *Vibrio Qinghaiensis* sp. -Q67 for Ecotoxic Assessment of Environmental Waters：A Mini Review [J]. Journal of Water Sustainability，2012，2：209-220.

中国科学院海洋研究所的孙超岷团队在青岛近海中寻找能够解决海洋塑料污染的办法。他们从一片片漂浮的塑料中发现了一种具有神奇能力的菌群CAS6。这些小家伙们在塑料表面安家，变废为宝，降解塑料中的成分供应自己的成长，就像一群环保小精灵，默默地清理着海洋的"白色污染"。这个菌群尤其擅长对付聚乙烯❶塑料，原本20年甚至1000年才能降解的塑料，它们短短2周就能将其分解成碎片。❷

在海洋和湖泊的深处，还隐藏着另一群鲜为人知的环保小精灵——厌氧甲烷氧化细菌。甲烷，作为一种温室气体，其潜在的温室效应是二氧化碳能达到的85倍，是比二氧化碳更加可怕的存在。中国科学院微生物研究所的朱宝利团队，通过一次偶然的机会在静谧的山洞中发现了它们，这些细菌生存在山洞顶部、侧壁及水面下侧壁，形成了大量的细菌生物被膜❸，默默地进行着甲烷氧化的工作。为了进一步了解这群细菌，朱宝利团队决定将它们带回实验室进行研究。在实验室里，科学家们探索了它们的基因组成和代谢途径，希望能够更深入地了解它们的生态价值和环保功能。这些厌氧甲烷氧化细菌能够将甲烷进行氧化、反硝化及碘酸盐还原，为地球的温室气体减排做出巨大的贡献。❹此外，海洋和湖泊中还有一些微生物可以产生一些清洁能源，如氢气，为地球带来新的能源。一些产氢细菌如海栖热袍杆菌（*Thermotoga maritima*）生活在海洋地热区，它们通过代谢纤维素和木聚糖产

❶ 聚乙烯是乙烯单体经聚合反应制得的一种热塑性树脂。

❷ GAO R，SUN C. A marine bacterial community capable of degrading poly（ethylene terephthalate）and polyethylene [J]. J Hazard Mater，2021，416：125928.

❸ 生物被膜是指细菌黏附于接触表面，分泌多糖基质、纤维蛋白、脂质蛋白等，将其自身包绕其中而形成的大量细菌聚集膜样物。

❹ ZHU B，KARWAUTZ C，ANDREI S，et al. A novel Methylomirabilota Methanotroph Potentially Couples Methane Oxidation to Iodate Reduction [J]. Life，2022，1（3）：323-328.

生氢气，但科研人员还需要进行进一步的研究与开发，提高产氢效率和扩大应用范围。❶

这些在极端环境中生存的细菌各自展现出独特的拿手绝活：它们为了在过冷、过热、过酸、过碱、过高盐浓度条件下生存下来，进化出对应的独门绝技以适应环境。在盐湖、

▲ *深海中的发光细菌*

盐场这些高盐度环境中，有一种特殊的古细菌——嗜盐古菌（*Haloarchaea*）。它们凭借独特的生存策略，成为这些极端环境中的"幸存者"。它们通过维持细胞壁表面的电荷来保证自己不会因为缺水而死，在食物短缺的情况下，（嗜）盐古菌甚至能吸收自身的蛋白质来获取能量，展现出顽强的生命力。这些（嗜）盐古菌在生物技术和工业领域也展现出巨大的应用潜力：某些（嗜）盐古菌可以用于生产生物燃料，提高燃料的产量和纯度；还有的（嗜）盐古菌产生的细菌视紫红质❷还有希望应用于太阳能电池，提高光电转换效率。❸

海洋和湖泊当中的细菌，如同隐藏在自然界的奇迹，令人惊叹。这些奇妙的微生物，在人类难以触及的地方展现出生命的顽强与多样性，不断挑战着生命的极限，书写着大自然的伟大诗篇。

❶ SINGH R，WHITE D，DEMIREL Y，et al. Uncoupling fermentative synthesis of molecular hydrogen from biomass formation in Thermotoga Maritima [J]. Appl Environ Microbiol，2018，84（17）：e00998-18.

❷ 视紫红质是一种结合蛋白，由视黄醛和视蛋白结合而成。

❸ 刘莹，张继天，史雅颖．嗜盐菌的研究进展 [J]. 科技创新与应用，2017（8）：22.

Tips：海洋微生物——人类的宝贵财富

你知道吗，海洋中的微生物是一群真正的"逆行者"。它们可以在高盐、高压、寒冷或炎热的环境中生存，甚至在被严重污染的恶劣环境中也能够发现它们的身影。它们在角落中默默维持着海洋的健康，是人类的宝贵财富。

石油泄漏是海洋污染的一大源头，海洋中一些微生物能合作分解部分石油，它们各司其职，使石油迅速分解。例如，一些铜绿假单胞菌（*Pseudomonas aeruginosa*）能够降低原油的黏度，红球菌属细菌（*Rhodococcus* spp.）和短小芽孢杆菌（*Bacillus pumilus*）能够降解石油中的有毒化学物质，这些小生命为海洋生态"排毒"作出了巨大的贡献。[1]

不仅如此，这些神奇的微生物还是农业和医药领域的好帮手。通过基因工程技术，我们可以将它们身上这些赋予它们适应极端环境的基因转移到农作物上，让庄稼拥有更强的抗寒、抗旱或抗盐碱能力，为农民解决许多种植难题。[2][3] 而在医药领域，从海洋微生物中提取的药物成分在治疗癌症、心血管疾病等方面展现出巨大潜力。[4][5]

[1] 李恒昌，丁明珠. 石油烃生物降解过程的研究进展 [J]. 生物工程学报，2021，37（8）：2765-2778.

[2] 杨雁霞，张文洪，杨云娟，等. 宏基因组学应用于耐盐酶类及耐盐基因研究的进展 [J]. 微生物学通报，2019，46（4）：900-912.

[3] 王梦姣，曹钰雪，徐永盛，等. 过表达海洋微生物宏基因组 MbCSP 提高转基因拟南芥的抗旱和耐寒性 [J]. 植物研究，2022，42（2）：243-251.

[4] BAUMAN K D，SHENDE V V，CHEN P Y，et al. Enzymatic Assembly of the Salinosporamide γ-lactam-β-lactone Anticancer Warhead [J]. Nat Chem Biol，2022，18（5）：538-546.

[5] 马子宾. 海洋青霉菌代谢纤溶活性化合物的研究 [D]. 上海：上海海洋大学，2020.

　　小小的微生物，却有大大的能量。它们在各个领域都发挥着不可替代的作用。让我们一起珍惜这些神奇的微生物，探索它们为人类带来的更多可能！

9. 纯净水真的"纯净"吗？

　　生命的存续离不开水源。在远古时代，我们的祖先就像自然界中的动物一样，口渴时，他们会直接蹲在河边，双手捧起河水，畅快淋漓地饮用。直到具有划时代意义的"井"的诞生，人们才抛弃这种粗放式饮水方式。然而，随着文明的进步，人类开始意识到直接饮用自然水体的潜在危害，因为存在于自然水体中的各种微生物可能导致疾病。虽然过去的水质可能未受到各种工业产物的严重污染，但偶尔水中的微生物会导致疫情，这种风险促使古人开始寻找更安全的饮水方式。唐朝诗人姚合在《新昌里》中提道："旧客常乐坊，井泉浊而咸。新屋新昌里，井泉清而甘。"其描述了不同井水的品质差异，显露出古人对水质的关注。古人也逐渐发现了水煮沸的消毒效果。《养生要集》中便提道："凡煮水饮之，众病无缘生也。"这反映了古人对煮沸水能预防疾病的认识。明代《茶疏》中记载的"舟人以法澄之，饮而甘之"揭示了黄河沿岸船夫如何通过沉淀和过滤的方法，净化浑浊的河水以供饮用。除此之外，古人还发现使用明矾❶可以净化水质。他们将明矾添加到水中后，杂质会自然沉淀，从而得以净化水质。此外，古人也发明多级过滤

---

❶ 明矾是一种含有结晶水的硫酸钾和硫酸铝的复盐。

的方法来进一步净化水质。这些智慧的传承，为我们今天的水处理技术奠定了基础。

▲ 原始人喝河水

在19世纪以前，微生物污染是水污染中最大的威胁之一，这种污染对人类健康的危害极为严重。传染病如伤寒、霍乱、细菌性痢疾和甲型肝炎等，往往通过受污染的水源传播，导致大规模的疫情暴发。这一时期，人类对水质安全的认识还相对有限，缺乏有效的水净化处理和消毒技术。1832年，巴黎暴发严重的霍乱疫情，人们将氯气溶解在石灰水中形成次氯酸钙❶，这种

---

❶ 次氯酸钙是一种无机化合物，常用于化工生产中的漂白过程。

化学物质可以消除因霍乱而死去的尸体腐烂引起的恶臭。经过一些医生在手术上的应用后，人们发现氯能作为消毒剂使用。直到1908年，美国在新泽西州试点对饮用水进行氯化处理。10年后，这种消毒措施在整个美国推行，时至今日氯化处理仍是水净化的主要方式。❶然而，这项技术并不完美。当水中存在大量细菌时，氯处理后仍会有细菌残留，而且某些有害细菌可能对氯具有较强的抵抗能力。2000年5月，加拿大的一个小镇发生了一起饮用水污染事件，这也是加拿大历史上最悲痛的事件之一。这场由大肠埃希菌引发的灾难导致7人死亡，25人患上溶血性尿毒综合征，65人住院，至少2300人被感染。原因是一场暴雨将含有大量大肠埃希菌的动物粪肥冲刷入水井，而负责水井消毒的管理人员未能执行必要的消毒程序。❷ 2009年7月，我国内蒙古某地区发生了国内首例大范围的饮用水微生物污染事件，造成2622人门诊治疗，59人住院。后续调查发现，大量雨污水淹没了水源井，导致井水中的大肠菌群和菌落总数严重超标，同时检出了沙门氏菌。❸这些事件说明虽然现代人意识到需要对饮用水进行消毒，但在面对极端天气和环境变化时，加强水质监测和管理是至关重要的，传统水处理技术仍然存在局限性和效率问题。

随着科技的进步，水处理领域的新技术不断涌现，极大地提高了水处理的效率和安全性。这些创新技术在提供更干净、安全的饮用水方面发挥了重要作用。例如，正在逐渐取代传统的无机盐混凝剂的高分子混凝剂，它们能

❶ CHlORINE CHEMISTRY COUNCIL，CANADIAN CHlORINE COORDINATING COMMITTEE. Drinking Water Chloriantion：A Review of Disinfection Practices and Issues [M]. A Hington，VA. USA：Chlorine Chemistry Council，2003.

❷ KONDRO W. Canada reacts to water contamination [J]. Lancet，2000，355（9222）：2228.

❸ 刘腾. 赤峰水污染"罪源"寻踪 [N]. 中国经济报，2009-08-10.

够以较低的用量达到更高效的净化效果，同时减少对水处理设备的腐蚀。同时人们也利用一种强氧化剂——臭氧，对水体进行消毒。臭氧能有效破坏细菌和病毒的细胞结构，但不会对水的味道和颜色产生影响。此外，与氯消毒相比，臭氧处理不会产生有害的副产物，更环保。另外，人们也用一些物理方法进行消毒，如通过短波紫外光照射水中的微生物，能迅速且有效地杀灭所有的细菌和病毒。这种方法的优势在于它既高效又安全，不会在水中添加任何化学物质。❶

曾经人们对水中的细菌唯恐避之不及，然而如今却迎来一场戏剧性的变革——我们能够借助细菌的力量实现水的净化。某些特殊的细菌，如谷氨酸棒状杆菌（*Corynebacterium glutamicum*）和贝莱斯芽孢杆菌（*Bacillus velezensis*），能够生产一种神奇的物质——生物絮凝剂。如同微观世界中的磁铁，这些高分子代谢产物能够将水中难以降解的固体悬浮颗粒吸引在一起，形成更大的团块。这样一来，这些团块就能够更容易地沉淀到水底，从而让水变得更清澈纯净。❷❸

当我们谈论起"纯净水"时，可能会自然而然地认为它是一种完全无菌的水。然而，即使是标榜为"纯净"的水也并非完全没有细菌。事实上，根据中国现行的国家标准《生活饮用水卫生标准》（GB 5749—2022），饮用水中允许存在一定数量的细菌，只要它们的数量控制在安全限度之内，且不含

❶ 高飞菲 . 现代城市给水处理技术探究 [J]. 农家参谋，2020（8）：170.

❷ LIU Y，ZENG Y，YANG J，et al. A Bioflocculant From *Corynebacterium Glutamicum* and its Application in Acid Mine Wastewater Treatment [J]. Front Bioeng Biotechnol，2023，11：1136473.

❸ AGUNBIADE M，OLADIPO B，ADEMAKINWA A N，et al. Bioflocculant Produced by *Bacillus Velezensis* and its Potential Application in Brewery Wastewater Treatment [J]. Sci Rep，2022，12（1）：10945.

有致病微生物。根据这一标准，饮用水中的细菌总数不应超过每毫升100个菌落形成单位（指琼脂平板上经过一定温度和时间培养后形成的菌落数量），同时，水中不应含有病原微生物及大肠埃希菌。❶这个标准的设定反映了一个重要的科学认识：并非所有细菌都对人体有害，而且在一定数量下，这些微生物的存在并不会对人体健康构成威胁。这种对饮用水中细菌含量的合理限制，既确保了水的安全性，又避免了过度的净化处理可能带来的其他问题，如去除水中有益的矿物质和微量元素。这样的标准有助于我们获得既安全又有益健康的饮用水，平衡了纯净与安全的关系。也提醒着我们，在日常生活中，对"纯净水"的理解应当更加科学和全面。

❶ 国家市场监督管理总局，国家标准化管理委员会.生活饮用水卫生标准[M].北京：中国标准出版社，2022：16.

Tips: 潜藏"危机"的野外水源

如果你在探险或旅游途中偶然发现了一处泉眼，泉水清澈透明，让人忍不住想要一饮而尽。但等等，别急着把这看似纯净的泉水当作口中甘露！即使是最清澈的泉水，也可能是一场微生物的大聚会，而且还可能掺杂了一些化学物质。

你可以想象一下，附近有一群快乐的小动物，它们可能在不经意间将排泄物留在了泉水中，或者附近的农场和工厂也可能不小心将一些"礼物"送入了这股清泉中。这些"礼物"可能包括农药、工业废物，甚至是重金属，它们都可能对人体的健康构成威胁。

此外，泉水中可能正潜伏着一些不那么友好的居民，如细菌、病毒和寄生虫。它们就像是无形的小怪兽，可能会引发肠胃炎、霍乱、伤寒等水源性疾病，让你的探险之旅不欢而散。

所以，下次当你在野外遇到诱人的泉水时，最好是通过煮沸、过滤或化学消毒等方式，确保泉水是安全可饮的。这样，你的旅程才能继续快乐前行！

▲ 纯净水中的细菌

10. 家庭中的隐形入侵者

美国弗吉尼亚大学学者朱莉·霍兰（Julie Horan）曾提出过一个有趣的观念，即"文明并非从文字开始，而是从第一个厕所建立开始"。马桶这一类的厕所设施是现代人类生活中必不可少的物品，现代家庭中几乎每家都有一个或更多厕所来处理排出的污秽。这一伟大的发明及相应的污水处理系统，曾拯救百万人的生命。

中世纪直至19世纪初的欧洲大陆，伦敦作为世界上最强的工业与殖民发源地，统治者们痴迷于侵略而忽略了民生，城市中缺乏公共卫生设施，居民们将排泄物倾倒在大街与河流中、挖坑掩埋或运送至城外。街道上遍布垃圾、粪便、动物尸体和工业废水等，恶臭弥漫，卫生状况十分糟糕，当时的人们不得不穿上高跟鞋并佩戴喷有香水的花瓣饰品来抵御这些恶臭。糟糕的卫生条件也成为细菌滋生的温床，疫病肆虐，那时的伦敦家庭中平均十个孩子只能存活两个。1831年，霍乱大暴发，夺走数百万人的生命。这种由霍乱弧菌（*Vibrio cholerae*）所引起的疾病病程发展十分迅速，不需一天，患者就会因剧烈腹泻而脱水，皮肤干瘪呈青蓝色，最后痛苦地死去。1848年，英国颁布了公共卫生法案，要求各家各户安装马桶，但大部分马桶都安装在泰晤士河沿岸及伦敦桥上，由于缺乏污水处理系统，粪便与垃圾混合物涌入泰晤士河中，使得河流流速变缓，最终河水停滞，臭气熏天，满是浮粪，甚至污染了饮用水，因此那年仍有13万居民死于霍乱。1854年，流行病学家约翰·斯诺（John Snow）通过调查，证明了霍乱来源于百老大街的水泵，由被粪便污染的水传播。他认为霍乱是由一种由水传播的、能繁殖的活细胞所致，并推荐几种有效的预防措施，如清洗肮脏的衣被，洗手和将水烧开饮用等，效果良好，当年死于霍乱的人数降至2万左右。❶随着技术的升级，1859年英国政府大力推进公共污水处理系统的建设，在6年后完工。由于防治霍乱的效果良好，其他国家相继效仿，最终人们逃离了那个霍乱肆虐的时代。

与公共污水处理系统相连的马桶是否是家庭中最"脏"的地方呢？研究指出，沙门氏菌可以在马桶边缘的底部定植，并持续存在长达50天；艰难梭菌（*Clostridium difficile*）的孢子也可污染马桶并在冲厕时传播至其他地方。❷❸每次冲完马桶，湍急的水流貌似将污物与细菌一起卷走，但定量微生物风险评估表明，卫生间中的气溶胶和污染物都存在重大风险。日本的一项研究指出，即使是在刚冲完的马桶中仍有大量细菌存在，

▲ 马桶冲水而冲起的细菌

❶ FRERICHS R R. The ghost map [J]. Emerg Infect Dis，2007，13（7）：1134.

❷ AITHINNE K A N，COOPER C W，LYNCH R A，et al. Toilet Plume Aerosol Generation Rate and Environmental Contamination Following Bowl Water Inoculation with Clostridium Difficile Spores [J]. Am J Infect Control，2019，47（5）：515-520.

❸ ABNEY S E，BRIGHT K R，MCKINNEY J，et al. Toilet Hygiene-review and Research Needs [J]. Appl Microbiol，2021，131（6）：2705-2714.

数量可高达10万个，其中包括粪便污染指示菌[1]，如大肠埃希菌和铜绿假单胞菌，以及抗菌素耐药细菌，如碳青霉烯耐药肠杆菌科细菌（Carbapenem resistant Enterobacteriaceae，CRE），马桶成为交叉感染的潜在载体。[2]由于肺炎克雷伯菌存在于废水中，并且无法通过冲洗马桶完全清除，因此在共用马桶环境中存在传播的风险。[3]而且，就在冲水的刹那，细菌会趁机"腾空而起"，马桶内的瞬间气旋最高可以将病原微生物带到6米高的空中，并悬浮在空气中长达几小时，这些看不见的水珠会携带病菌，落到周围的墙壁和物品上。[4]国家室内车内环境及环保产品质量监督检验中心主任宋广生指出，需要定时清洗马桶，不要等出现黄色污渍再打扫。推荐清洁程序为先用洁厕灵喷洒内侧，下水口和内侧边缘连接处要重点喷洒。过几分钟后，再用尖头的马桶刷从上到下刷洗。在刷洗马桶内侧边缘接缝处时，刷子最好呈45°，顺着一个方向横向刷。最脏的下水口要画圈刷洗，注意不要太用力，以防污水溅到身上。之后，再用水冲洗一次。需要提醒的是，消毒液最好不要和洁厕灵同时用。消毒液的主要成分为次氯酸钠[5]及少量表面活性剂[6]，洁厕灵的主要成分为盐酸，同时含有少量表面活性剂、香精、缓蚀剂，两种日用品混用

---

[1] 指示菌是在常规卫生监测中，用以指示检品卫生状况及安全性的指示性微生物。

[2] TSUNODA A. Bidet toilet use may cause anal symptoms and nosocomial infection [J]. J Anus Rectum Colon，2021，5（4）：335-339.

[3] ARENA F，CODA A R D，MESCHINI V，et al. Droplets Generated from tToilets During Urination as a Possible Vehicle of Carbapenem-resistant Klebsiella Pneumoniae [J]. Antimicrob Resist Infect Control，2021，10（1）：149.

[4] 熊家声，李锐，余国荣，等 . 不同方式冲洗马桶对卫生间空气中细菌群落特征的影响研究 [J]. 现代预防医学，2016，43（13）：2340-2343.

[5] 次氯酸钠是一种无机化合物，化学式为 NaClO，是最普通的家庭漂白剂的主要成分。

[6] 表面活性剂是能使两种液体间、液体－气体间、液体－固体间的表面张力或界面张力显著降低的化合物。

则会产生有毒的氯气，可以在两次清洁马桶的间隔中再用消毒液给马桶内侧消毒。❶

但马桶并不是唯一存在微生物的地方，家中还有许多地方也存在微生物滋生的隐患。上海市疾病预防控制中心曾抽样检查了128台使用半年以上的洗衣机，发现洗衣机洗涤桶内槽中的霉菌检出率为60.2%，细菌总数检出率为81.3%，大肠菌群检出率高达100%，有54.7%的洗衣机同时含有以上三种菌类。洗衣机内部比较潮湿，容易惹来腐生性霉菌。当霉菌碰到水后，真菌孢子被释放到衣物上，皮肤病也就随之而来。如果洗完衣服后忘记及时晾衣服，洗衣机内的衣物很容易滋生细菌等微生物。需要注意的是，一旦洗好的衣物放置于洗衣机内超过1小时，就应该重洗一遍。洗衣完毕后应打开门窗通风，让洗衣机内水分风干后再合盖，另外，洗衣机还需要定时用清洁剂进行清洗。

更加可怕的是，冰箱同样也是一个细菌的聚集地。研究人员对在30个温度处于0℃以下的家用冰箱屉里收集的样本进行检测，发现它们所含的细菌高得惊人，每平方厘米平均含有7850个细菌，一些样本甚至多达12.9万个细菌。❷冰箱里存放的食材超期储存就容易滋生各种细菌，如沙门氏菌、单核细胞增生李斯特菌（*Listeria*

▲ 冰箱隐藏的细菌

❶ 宋广生. 中国室内环境污染控制理论与实务 [M]. 北京：化学工业出版社，2006.
❷ 梁慧云. 冰箱有"毒"[J]. 人生与伴侣（下半月版），2019，827（4）：49.

monocytogenes）和小肠结肠炎耶尔森菌（*Yersinia enterocolitica*）等。一旦食用，人体会出现头痛、腹痛、腹泻呕吐、急性胃肠炎和肺炎等症状，即人们所说的"冰箱病"。❶虽然大多数细菌不能在冰箱的低温条件下存活，但有些细菌，如单核细胞增生李斯特菌可以在低至0℃的环境下生存，这种细菌是毒性最强的食源性病原体之一，能导致孕妇流产及新生儿脑膜炎，能导致20%~30%的高危人群死亡。❷所以要记得食物的存放时间，避免在冰箱中存放太久，滋生细菌。例如，冷冻的猪肉、禽肉等最好在1个月内吃完，鸡蛋可先装入保鲜袋，再放进冰箱，1周内食用。瓜果和蔬菜等同样放进保鲜袋内，存放最多3天。需要注意的是，不要把冰箱塞满，太满的冰箱会影响冷空气的流动，应该保留一些空隙，同时最好将冰箱内的生熟食物区分开。

Tips: 冰箱中的"恶魔"——嗜冷菌

家用冰箱的温度一般在-4℃~ -18℃，大部分细菌都无法在这个温度下生存。但对于嗜冷菌来说，它们的最佳生长温度一般在-15℃~ -20℃。冰箱中的温度正是嗜冷菌的最佳生长与繁殖温度，它们在冰箱中大量存在时便会污染食物。这些嗜冷菌并不是一种细菌，而是一类细菌的总称。

---

❶ 蔡云虹，刘学孜，刘丽娜，等. 基于可培养技术的中国不同城市家用冰箱中细菌多样性研究 [J]. 食品与发酵工业，2023，49（20）：172-178.

❷ CHOWDHURY B，ANAND S. Environmental Persistence of Listeria Monocytogenes and its Implications in Dairy Processing Plants [J]. Compr Rev Food Sci Food Saf，2023，22（6）：4573-4599.

嗜冷菌之所以能够"抗冻"主要有以下几点原因。首先，这类细菌具有特殊的脂类细胞膜，这种细胞膜可以在化学上抵御由寒冷带来的"硬化"。它们主要是通过提高细胞膜中不饱和脂肪酸的含量来增加细胞膜的流动性，使自身在外部环境达到水的凝固点时能够保持胞内仍呈现液态，来防止低温对细胞的损伤。其次，嗜冷菌中通常含有抗冻蛋白。从鱼类到植物再到细菌，许多生物都通过抗冻蛋白来延缓冷冻或减少冷冻和解冻时造成的伤害。最后，嗜冷菌和普通细菌一样，体内会发生大量的化学反应，化学反应中起到催化作用的酶很容易在温度不适宜的条件下"罢工"，但不同的是，嗜冷菌中含有冷活性酶，低温是它们的"舒适区"。❶

嗜冷菌带给人类的不是只有坏处，它们在食品加工行业具有广泛的用途。例如，果蔬加工、淀粉加工和腊肉制作等方面。尤其是在乳制品加工方面，某些嗜冷菌能够为乳糖不耐受症患者提供福音：假交替单胞菌属（*Pseudoalteromonas* spp.）细菌产生的β-半乳糖苷酶能够在低温条件下将患者不能吸收的乳糖分解为能够吸收的葡萄糖和半乳糖，从而降低乳制品中乳糖的含量。❷

然而，在日常生活中，它们依旧是冰箱中的"恶魔"，轻则造成"冰箱病"，重则造成高危人群死亡，应当小心防范。

❶ 王宇，孙嘉蕾，韩雪. 嗜冷菌的嗜冷机制及其应用研究进展 [J]. 食品研究与开发，2020，41（12）：196-201.

❷ NAM E，AHN J. Antarctic Marine Bacterium *Pseudoalteromonas* sp. KNOUC808 as a Source of Cold-adapted Lactose Hydrolyzing Enzyme [J]. Braz J Microbiol，2011，42（3）：927-936.

11. 菌从口入

当你站在冰箱前，考虑某个食物是应该放进冷藏室还是冷冻室，或简单地决定是否要将取出的美味佳肴进行加热时，实际上你已经深入思考了食物中细菌的存活问题。细菌与人们的味蕾很早就建立了紧密的联系。在这个漫长的故事中，利用还是杀灭，是一段有关人们对微生物认知不断演进的历史进程。

▲ 乳酸菌酿造了
营养又美味的酸奶

在山脉连绵的巴尔干半岛，古代色雷斯人❶以游牧为生，他们通常会把羊奶注入皮袋子里。在一些机缘巧合之下，几株乳酸菌❷随着夏日炎热的空气同羊奶一起进入了牧民的皮袋子，刚刚好的温度（30~45℃）让乳酸菌可以大量增殖。乳酸菌把羊奶中的乳糖分解成乳酸后，这位幸运的色雷斯人打开皮袋子，喝到了浓醇适

❶ 色雷斯人是巴尔干半岛最早的居民之一，主要居住在东南欧，现在的保加利亚、罗马尼亚和希腊北部，也居住在土耳其的安纳托利亚（小亚细亚）西北部。
❷ 乳酸菌是一类能利用糖类并产生大量乳酸的细菌。

口的奇特饮料。据说，这就是酸奶的诞生。用酸奶来改善肠道健康的记录很早就出现了。法国国王弗朗西斯一世患有严重的肠胃疾病，奥斯曼帝国的苏莱曼大帝给他派了一名带着山羊的犹太医生，而这名医生对外宣称是用酸奶医治好了患者。治好国王的关键药物是否真的是酸奶已经不得而知，但可以确定的是，酸奶确实是一种营养丰富的食物，对患有乳糖不耐症、便秘、腹泻和高血压等疾病的人有一定的帮助；酸奶中丰富的益生菌，可以通过增强免疫反应、增强肠屏障功能和调节食欲来改善肠道健康和减少慢性炎症。❶中国烹饪艺术的发展融合了精湛的技巧及对食材的深刻理解，使得细菌在美食创作中扮演着独特而重要的角色。远古时代，酒圣杜康把酿酒技术传授给儿子黑塔。但他在一次酿酒时发酵过了头，在酿造的第二十一日酉时开缸，得到一种香气诱人、酸味可口的液体。现在人们已经知道，这是醋酸杆菌属（*Acetobacter* spp.）细菌等微生物使酒精进一步氧化成醋酸。黑塔用"廿一日"加"酉"字，给这种食品起名为"醋"，由此中国三千多年关于酿醋技术的探索也开始了。《齐民要术》❷曾系统地总结了中国劳动人民从上古到北魏时期的制醋经验，在书中记载的食醋种类高达22种。

在美味的背后同样也有潜在的健康风险，人们若在食物处理中错误地利用细菌，可能使食物受细菌污染，导致严重的食物中毒。细菌导致的中毒事件常由家中的自酿自造食物引起。2020年，我国曾发生一起因食用被致病菌污染的酸汤子引发的食物中毒事件，9名中毒者全部死亡。"酸汤子"是将玉米、高粱米等加水浸泡发酵做成的粗面条样食物。由于储存不当，家庭制作

---

❶ PEI R，MARTIN D A，DIMARCO D M，et al. Evidence for the Effects of Yogurt on Gut Health and Obesity [J]. Crit Rev Food Sci Nutr，2017，57（8）：1569-1583.

❷ 北魏贾思勰所著，是我国现存最早最完整的古代农学名著。书中记载了公元6世纪以前我国劳动人民从实践中积累下来的农业科学技术知识。

的酸汤子可能被椰毒假单胞菌（*Pseudomonas cocovenenans*）污染，该菌能产生致命的毒素——米酵菌酸，该毒素耐热，高温烹煮也无法去除，且致人中毒后没有特效救治药物。除了谷类发酵食品，变质银耳或木耳也常导致人米酵菌酸中毒。所以，采摘的鲜银耳要及时晒干或经过充分的紫外线照射，干木耳泡发时间也不宜过长。另外，家庭中酿酒、制作泡菜时，也非常容易被细菌污染。日常生活中，清水和热水冲洗、用白酒浸泡食物等方法通常灭菌并不彻底，许多细菌可以通过形成芽孢的方式继续存活下来，让所谓自酿酒变成一个"发酵罐"。自酿酒的异常指标通常集中在甲醇、杂醇油❶、挥发酸❷和微生物上。因此，家庭自酿自制的食物是不推荐食用的。工业化的食品加工厂有更严格的卫生处理手段，它们通常有除菌过滤、高压灭菌的设备，并可以控制食品中的成分，检测有毒物质是否超过标准。选择食物时，实在不用追求"过分的"有机和天然，从有食品安全认可的商家购入产品，就是可以保障食品安全的方式。

尽管食品生产企业努力将微生物污染降至最低水平，但

▲ 米酵菌酸在不同变质食物中的来源

---

❶ 杂醇油是酒精发酵过程中产生的几种高级醇（主要是戊醇）的混合物，可能引起宿醉症状。

❷ 挥发酸即易挥发的酸，是以游离状态或以盐的形式存在的所有乙酸等脂肪酸的总和。过量的挥发酸通常与变质的酿酒果实、不卫生的酿酒环境、过旧的橡木桶或过度的氧化有关。

狡猾的致病细菌依然会乘虚而入。日本的一家乳制品公司，因为一场食物中毒的新闻而元气大伤，逐渐分崩离析。❶ 2000 年，以日本近畿地区为主的许多卫生机构收到求助，许多居民出现了呕吐、腹泻等症状。病患的共同特点是饮用过"××低脂乳"，于是线索指向了"××乳业"大阪工厂。通过对该厂所有低脂牛奶加工设备的全面检查，从暂时保管剩余低脂牛奶的大罐阀门处抠出了一块含有金黄色葡萄球菌的干奶块。而真相不止如此，随着对××乳业乳制品生产上游的追溯，发现谜底其实是在北海道广尾郡大树町的一家工厂。原来，为了便于储存奶制品，××乳业会选择几家代工厂，先把新鲜牛奶脱脂加工成奶粉，再运往下一生产环节进一步加工。这批有问题奶粉出厂的前一天，当地大雪导致北海道工厂停电停工。在停电的 3 小时内，金黄色葡萄球菌迅速增殖，并产生葡萄球菌肠毒素❷。工厂员工带着侥幸心理，认为后续加工中会进行高温灭菌，所以没有销毁这批奶粉。然而，金黄色葡萄球菌产生的毒素对热的抵抗力极强，100℃加热 30 分钟仍不能完全破坏其活性。这次事件有接近 15 000 人受害，至少 155 人因此住院，一位 84 岁的老人因食物中毒导致的并发症而去世。这是日本自第二次世界大战后最为严重的食物中毒事件，由于对微生物的不了解及管理的欠缺，××乳业亲手粉碎了来自消费者的信任。无独有偶，1993 年，美国也曾发生大肠杆菌 O157：H7 暴发事件，罪魁祸首是某餐厅售卖的未煮熟的汉堡包肉饼。大量汉堡包被销售出去，导致约 700 人感染，10 人死亡。彼时人们对这种大肠埃希菌没有任何预防和规范措施。由于这次事件，美国更严格且全面地推行了"危害分析关键控制点"体系，即从整个生产流

❶ 饶满华. 食品安全全链条监管体系研究：以厦门市为例 [J]. 中国市场监管研究，2023（6）：75-79.
❷ 肠毒素为葡萄球菌引起食物中毒的致病物质。金黄色葡萄球菌本身并不直接引起食物中毒。

程上把关，寻找所有可能发生风险的"关键点"，再不间断地监控这些关键环节。❶

人们在大小食品卫生事件中总结过去的教训，逐步完善食品安全监管体系。为应对已发生或潜在的食品安全事件，美国率先引入"召回制度"并在全球普及，其中中国于2007年开始正式实施不安全食品召回制度。2020年，美国在单头长叶莴苣上检出食源性致病菌——大肠埃希菌O157：H7，但这次相关公司马上主动召回已经运输至波多黎各及19个州的近4000箱莴苣。亡羊补牢，犹未为晚，这次食品安全污染事件控制妥当，共12人患病，但没有死亡病例的报道。

❶ SHI X, ZHANG X, WANG T, et al. Current Status and Frontier Tracking of the China HACCP System [J]. Front Nutr，2023，10：1072981.

Tips：逃出"细菌污染食物"的魔爪

在日常生活中，被细菌污染的食物可能会引起人类出现"细菌性食物中毒"（指由于进食被细菌或其细菌毒素所污染的食物而引起的急性中毒性疾病，包括感染性食物中毒和毒素性食物中毒）。那么，我们应该如何避免它的发生呢？

1. 选择正规商家的合格加工制品：不要到路边无证摊点购买食物，家庭自制食物也要谨慎入口。

2. 充分加热食物以杀灭致病细菌：特别是肉类食物，最好完全煮熟后再食用，尽量少食用生冷的食物。

3. 冰箱中取出的菜肴需要重新加热：冰箱的低温环境能延缓细菌的繁殖生长，但不能杀灭细菌。

4. 及时处理不新鲜食物：如果出现疑似发霉、变质的食物，请及时全部处理掉吧！不要食用看起来新鲜的部分。

恶心、呕吐、腹痛、腹泻等是细菌性食物中毒最常见的症状，进食与出现症状的时间间隔几分钟到几小时不等。如果不幸"中招"了，建议立即就医，重症可能需要住院治疗。

12. 医院——人与细菌的主战场

现代人可能很少再听到"产褥热"这个名字，这是一种孕妇分娩后生殖道出现细菌感染的疾病。现代发达的医疗技术降低了该病的发病率，但在19世纪以前，它还是孕妇死亡最常见的原因，每1000名新生儿中就有6~9名因为产褥热而失去母亲。1847年，匈牙利的产科医生塞麦尔维斯（Semmelweis）的一位好朋友、法医病理学家雅各布·科勒什克（Jakob Kolletschka）因产褥热去世。科勒什克在对产褥热死者进行尸检时，手指不小心被刀划伤，然后迅速病倒，最终死于大面积感染。当时塞麦尔维斯所在的第一诊所中因产褥热导致的病死率高达10%，比第二诊所要高很多。第一诊所"声名远扬"，一些妇女宁愿在街头分娩，也不愿意去往如人间炼狱般的第一诊所就诊。与作为助产师培养场所的第二诊所相比，第一诊所中有许多医科学生会对尸体进行尸检，希望能找到产褥热发生的原因，但当时医生们没有洗手的习惯，且手术时从来不戴橡胶手套或乳胶手套。塞麦尔维斯由此灵光一现，他推测是医生们每天早上例行的尸检工作把"尸体颗粒"带给自己的产科患者。他总结道：产褥热其实就是源于尸体的血液中毒。这里塞麦尔维斯描述的"尸体颗粒"，其实大部分是医院中的细菌。❶

---

❶ SEMMELWEIS I F. The Etiology, Concept, and Prophylaxis of Childbed Fever [M]. Madison, Wis. : University of Wisconsin Press, 1983.

塞麦尔维斯立即报告了自己的这一重大发现：让产妇大量死亡的不是别人，正是徒手进行手术、毫无消毒措施的医生。因此，他在第一诊所制定了洗手政策，在这之前他发现氯化石灰溶液❶在消除尸体腐臭味上有奇效，由此他要求所有学生和参加尸体解剖的助教进入产房前必须用氯化石灰溶液洗手。在落实洗手政策的1年后，产房内的病死率由原来的20%下降到了1%左右。

虽然塞麦尔维斯的理论并不被当时的人们所接受，但后世尊称他为"母亲的救世主"，他提出的手术消毒是现代医院控制细菌感染的方法的先驱。皮肤是人们用来抵抗细菌感染的第一道屏障，失去皮肤的保护，细菌极易侵入机体，引发各种疾病。然而由于医院内开放性创伤❷多，医生不可避免地需要用器械进行检查和治疗。因此，医生们不仅希望能够治愈细菌引起的各种疾病，还要防止患者在医院治疗过程中被感染。

▲ 推行洗手消毒的
塞麦尔维斯

广义地说，医院内感染是指任何人员在医院活动期间遭受病原体侵袭而引起的感染。这种感染不仅可使患者的病情加重，还会延长住院时间、增加治疗费用，造成严重的浪费，甚至导致患者残疾或死亡。为此，医院设有一个较少人知道的科室——医院感染管理科，他们负责对医务人员进行防止医源性感染的培训，对医疗废弃物进行管理、消毒等工作。其中，塞麦尔维斯提出的手部消毒是医院常见的、避免感染的方式之一，它同样可以应用在日常生活中以

❶ 氯化石灰溶液即现在常用的消毒剂漂白粉，主要成分为次氯酸钙、氯化钙、氧化钙、氢氧化钙及水。
❷ 开放性创伤指受伤部位的内部组织（如肌肉、骨等）与外界相通的损伤。

减少细菌从口、眼等部位进入。医院还采用设置重症监护室（intensive care unit，ICU）、抗菌药物预防和治疗等手段，减少医院内产生的感染。**❶** 只有患有重病，需要急救的患者才会被送入医院对抗细菌最后一且最为严峻的防线——ICU。ICU设施完备，执行着严格的消毒程序、卫生规范及护理标准。然而，即便在如此严密的环境中，细菌仍然有机可乘，无孔不入。研究数据显示，ICU患者虽然只占极小比例，但感染病例数却占全部医院感染病例总数的20%以上。**❷** ICU患者通常病情严重、情况紧急，需要使用各种抗生素进行治疗。有科研人员发现，随着治疗时间的推移，患者在接受各种抗生素治疗后，被耐药细菌感染的概率显著增加。**❸** 为了抵抗抗生素，一些细菌进化成了"超级细菌"，它们的生命力顽强，适应能力强，增殖速度惊人。复旦大学附属华山医院抗生素研究所胡付品团队发现，有28%的患者在ICU进行治疗后会迅速被肺炎克雷伯菌"盯上"。**❹** 新型冠状病毒流行期间，ICU中的一些患者会继发感染耐药细菌，很多抗生素都不能成功治疗。**❺** 免疫力的缺失和抗生素失效让很多ICU患者对这些"超级细菌"毫无招架之力。这也提醒着人类，应该更加合理且谨慎地使用抗生素，尽量避免被耐药细菌感染。华西医院的宗志

---

❶ 中华人民共和国国家卫生和计划生育委员会. 病区医院感染管理规范 [M]. 北京：中国标准出版社，2016：12.

❷ 王力红，赵霞，张京利.《重症监护病房医院感染预防与控制规范》解读 [J]. 中华医院感染学杂志，2017，27（15）：3361-3365，3391.

❸ LI Y，XIA X，LI X，et al. Correlation Between the Use of Antibiotics and Development of a Resistant Bacterial Infection in Patients in the ICU [J]. Biosci Trends，2018，12（5）：517-519.

❹ QIN X，WU S，HAO M，et al. The colonization of carbapenem-resistant Klebsiella Pneumoniae：Epidemiology，resistance mechanisms，and risk factors in patients admitted to intensive care units in China [J]. Infect Dis，2020，221（Suppl 2）：S206-s214.

❺ POURAJAM S，KALANTARI E，TALEBZADEH H，et al. Secondary Bacterial Infection and Clinical Characteristics in Patients With COVID-19 admitted to two intensive care units of an academic hospital in iran during the first wave of the pandemic [J]. Front Cell Infect Microbiol，2022，12：784130.

勇教授曾发现，医护人员在更换ICU床单时的抖动幅度过大会导致床单上的碳青霉烯类耐药肺炎克雷伯菌污染相邻病床。耐药细菌通过环境进行传播的风险极大，因此医院非常重视诊疗环境的清洁和消毒工作。对于多重耐药菌感染患者或定植患者诊疗过程中产生的医疗废物，都需要按照国家卫生健康委员会发布的《医疗废物分类目录（2021年版）》进行妥善处置。

此外，为了减少细菌的传播，患者亲友也应该理解ICU的探望时间受到严格控制这一规定，给患者更加洁净、安全的环境。当然，ICU病房中的"超级细菌"进入环境也会引起公共性的危害，所以ICU实际上也是一个保护医院以外人们的屏障。不过，目前ICU仍是所有医院对危重患者治疗的最强力量，是挽救患者生命的最后一道关卡。

另外，医院中还存在一个专门寻找导致疾病发生的病原体的科室——检验科。不同于为患者提供治疗方案的内外科医生们，检验科的医生们通常都在忙碌地进行试验。当一份感染病例的样本被送至检验科后，这些医生们需要花费大量的精力在临床样本中找到可疑的病原体，在每一个细菌感染患者治疗成功的背后都有这些"幕后功臣"的辛勤劳动。医院中的细菌往往更"奸诈狡猾"，通过适应医院高药物压力而进化成不同的形态。浙江大学医学院附属第二医院检验科的张嵘团队通过丰富的经验，发现在同一名患者样本中的肺炎克雷伯菌存在两种形态——表面干燥粗糙的非黏液形态和表面湿润光滑的黏液形态，由此进行研究发现肺炎克雷伯菌通过转变形态可以更好地在医院的环境中生存，给临床治疗带来一定的警示。❶

---

❶ LIU C, DONG N, HUANG X, et al. Emergence of the Clinical Rdar Morphotype Carbapenem-resistant and Hypervirulent *Klebsiella Pneumoniae* with Enhanced Adaption to Hospital Environment [J]. Sci Total Environ, 2023, 889 : 164302.

▲ 超级细菌

在这场没有硝烟的战争中，医院及专家们都在尽最大的努力，对医院进行更加严格的分区与消毒，并寻找新的抗菌药物，以抵抗来势汹汹的细菌"菌队"。对于普通人而言，医院中的细菌都是"身经百战"、极具威胁性的，建议大家没有特殊情况时，不要去医院"逛逛"。特别是一些抵抗力差的人群（儿童和老年人）更应减少与细菌的接触，降低感染风险。

Tips: 你知道怎么正确洗手吗？

得益于塞麦尔维斯在消毒洗手方面的贡献，后世的医生们也一直致力于改进手术前洗手的步骤，希望能尽量减少手部清洁度对手术后感染的影响。2009年，世界卫生组织推行由英国医生格雷厄姆·艾利夫（Graham Ayliffe）开发的"六步洗手技术"（Ayliffe技术）。而我们国家医务人员进行操作前的洗手方法是"七步洗手法"，能有效地清除手部污物与细菌，预防接触感染，减少传染病的传播。

大家也可以将这个方法用在日常生活中，"七步洗手法"可以简单记为：内、外、夹、弓、大、立、腕。

（1）掌心相对，手指并拢，相互搓擦。

（2）手心对手背沿指缝相互搓擦。

（3）掌心相对，双手交叉指缝相互搓擦。

（4）弯曲手指使关节在另一手掌心旋转搓擦。

（5）右手握住左手大拇指旋转搓擦。

（6）将五个手指尖并拢放在另一手掌心旋转搓擦。

（7）两手互握互揉搓腕部。

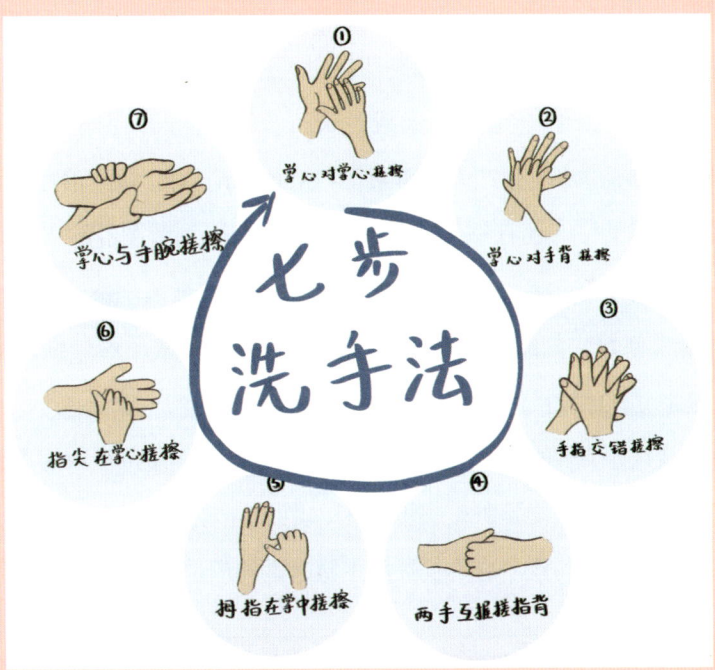

▲ 七步洗手法示意图

13. 制药厂的"功"与"过"

在一些制药厂中，一些细菌被人们所"雇佣"，它们自身就像是小小的药物工厂，为我们生产各种有用的药物。甚至人们还利用一些特殊的细菌来制备对抗其他细菌的抗菌药物，它们在制药厂里经过一系列神奇的过程，生产出我们日常生活中常用的抗生素，帮助战胜病菌。例如，人们用东方拟无枝酸菌（*Amycolatopsis orientalis*）生产万古霉素❶❷（vancomycin），用于治疗金黄色葡萄球菌所引起的感染[78]。还有一些细菌在肠道中扮演着调节菌群的"超级英雄"，就像是肠道里的小守护者。制药厂也会"雇佣"这些细菌制备药物，可以帮助我们处理肠道问题，如肠炎和腹泻等疾病。这些小家伙还可以促进益生菌的生长，维持肠道的和谐与平衡。而工程菌更是细菌中的"改造人"，它们经过基因改造，变成了真正的药物制造机器。例如，胰岛素这位糖尿病患者的"救星"，是以前人们从动物胰脏中提取而来，但含量太少，现在大多数制药厂通过大肠埃希菌生产胰岛素。这不仅提高了胰岛素的产量，还减少了过敏反应。❸

---

❶ 万古霉素是一种糖肽类抗生素，用来治疗许多革兰阳性菌感染。传统上，万古霉素是"最后一线药物"，用来治疗所有抗生素均无效的严重感染。

❷ LEVINE D P. Vancomycin：A history [J]. Clin Infect Dis，2006，42（1）：S5-12.

❸ RIGGS A D. Making，cloning，and the expression of human insulin genes in bacteria：the path to humulin [J]. Endocr Rev，2021，42（3）：374-380.

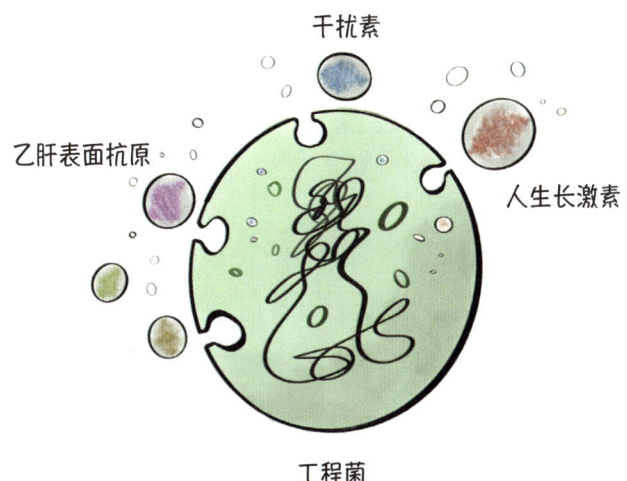

▲ 制备各种药物的工程菌

　　总而言之，细菌在制药领域可谓是各显神通，它们通过各种方式，为人类的健康保驾护航。然而，这些兢兢业业在制药厂"工作"的细菌中，也出现了一些令人担忧的间谍——"超级细菌"。制药行业的环境中通常富含抗生素，有些细菌逐渐适应抗生素，并不断获得对抗抗生素的武器，抗生素逐渐对其失效。随着这种环境抗生素压力的增加，产生"超级细菌"的可能性也大大提高。

　　这种现状在一些知名药企将产业转移到发展中国家后变得更为严重。印度目前是一个重要的抗生素生产国，但这也使其深受制药产业的负面影响。在印度的一些制药厂中，未经充分处理的废水中含有大量抗生素，因此在这些废水中检测到"超级细菌"是相当常见的现象。2016年，有研究人员曾对印度某原料药工厂、两处污水处理厂的附近地区、穆西河及海得拉巴和附近村庄的生态环境进行水样采集，发现来自28个不同采样点的所有环境样本均受到了抗菌药物的污染。其中一个工业区的排水沟中发现了高浓度的莫西沙星、伏立康唑和氟康唑。在95%以上的样本中，存在对多种抗生素耐药的肠杆菌科细菌。❶

我国作为另一个抗生素生产大国，随着工业园区和制药厂的建设，也面临着环境污染的挑战。我国的制药工业园区不断制作出各种抗生素，在这个过程中产生的废水对周围环境造成了污染。❷曾有研究人员在我国广州市的一个制药厂排出的废水中发现大量的罗红霉素——一种常用的抗生素。虽然制药厂尽力通过处理设施清洁这些废水，但就像用油烟机吸收浓烟去除效果有限一样，只能处理掉大约63%的抗生素。❸这些残留的抗生素，就像是那些残余的油烟，最终会飘散到周边的河流和湖泊中，成为水环境中抗生素的主要来源。更糟糕的是，这些含有抗生素的废水对环境中的细菌来说，就像是增强剂一样，让它们变得更强大。因此，阻断这种环境耐药性传播的关键是排放源的管控。2008年，我国环保部发文将抗生素菌渣列入《国家危险废物名录》，需要将它们按危险废物进行管理（焚烧处理或安全填埋）。❹《遏制细菌耐药国家行动计划（2016—2022年）》《遏制微生物耐药国家行动计划（2022—2025年）》中明确提出要加强制药企业生产废水的规范处理。2022

❶ LÜBBERT C，BAARS C，DAYAKAR A，et al. Environmental Pollution with Antimicrobial Agents from Bulk Drug Manufacturing Industries in Hyderabad，South India，is Associated with Dissemination of Extended-spectrum Beta-lactamase and Carbapenemase-producing Pathogens [J]. Infection，2017，45（4）：479-491.

❷ 杨炯彬，黄争，赵建亮，等. 我国典型制药厂污染场地中抗生素的污染特征及生态风险 [J]. 环境科学，2024，45（2）：1002-1004.

❸ 魏晓东. 广州典型排放源废水和河流水体中抗生素的污染特征研究 [D]. 北京：中国科学院大学，2018.

❹ 李再兴，田宝阔，左剑恶，等. 抗生素菌渣处理处置技术进展 [J]. 环境工程，2012，30（2）：72-75.

年，国务院发布的《新污染物治理行动方案》提出针对抗生素等新污染物制定"一品一策"管控措施，并规定生产企业严格落实抗生素生产过程中产生的废母液、废反应基和废培养基等废物的收集利用处置要求。❶此外，国家也大力推动高校和研究机构开发去除抗生素的制药废水预处理技术，并取得了一系列的技术创新。例如，中国科学院生态环境研究中心张昱团队发明一种选择性去除抗生素的制药废水预处理技术，可以将土霉素等10余种大宗原料药半衰期缩至1小时内，为抗生素这种新型污染物的管控奠定了坚实的技术支持。❷

不仅仅是制药厂，与人类生活息息相关的各种排放物都会汇集到河流，最终流入大海。各种来源的抗生素排放最终都会导致环境中残留的抗生素过量，给环境造成巨大的负担。人类需要秉持"One Health"理念，对整个生态系统进行呵护，考虑人、动植物及环境的全方位健康，才能实现持久而全面的繁荣。

> **Tips：人类如何用细菌生产出它的"天敌"？**
>
> 常规的抗生素生产方法可分为三种：自然发酵法、半合成法和合成法。其中自然发酵法、半合成法都需要细菌的参与。
>
> 制药厂中抗生素的生产有一套非常工业化的流程。自然发酵法中，

❶ 张玉斌．加强新污染物治理助力污染防治攻坚战 [J]. 环境保护与循环经济，2022，42（9）：1-3.

❷ HE Y，TIAN Z，LUAN X，et al. Recovery of Biological Wastewater Treatment System Inhibited by Oxytetracycline：rebound of Functional Bacterial Population and the Impact of Adsorbed Oxytetracycline on Antibiotic Resistance [J]. Chem Eng J，2021，418：129364.

人们严格选择用来进行生产的微生物，并将它们添加在含有液体生长培养基的大容器（10万~15万升或更多）中生长。容器内氧气浓度、温度、酸碱度和营养素均受到严格控制。并且，制药厂会非常小心地控制微生物的种群规模，以确保在它们死亡之前获得最大产量的抗生素。发酵的步骤完成后，抗生素必须被提取和纯化成晶体产品。如果抗生素在有机溶剂中是可溶的，这就非常容易实现。否则，人们会通过离子交换、吸附或化学沉淀的方法得到想要的产物。

半合成法则需要在自然发酵后，在实验室进行一些"改造"。如氨苄青霉素，是人们在青霉素的基础上增加氨基（NH_2）而生成的。

不同于前两种生产方法，合成法生产的抗生素，则完全是人工合成的了。

2. 青霉菌在自然界中扮演着重要的角色，参与有机物的分解和循环，能够生产青霉素。但它们能够在食物上形成霉变，产生可能有害的次生代谢产物，如霉菌毒素。

4. 发酵产物中的青霉素通过过滤和化学处理步骤被提取纯化为可用作药物的形式。

3. 选择高产青霉素的青霉菌株，接种到大型发酵罐中可进行青霉素的商业生产。

1. 青霉菌能够在富含糖类的环境中生长，如面包、水果、奶酪等食物表面；能够分解有机物质，在腐殖质丰富的土壤中很常见。

▲ 科学家们是怎么制造青霉素的？

14. 养殖场人畜"杀手"

2005年的夏天，我国四川省的一些村庄突然暴发了一种神秘的疾病。最初，村民们在他们自家圈养的猪身上观察到一些异常现象：这些猪表现出奇怪的症状，如突然叫声尖锐、四脚蹬动而亡，有些猪口中冒泡，并在夜间突然死亡。最开始他们没把这些病猪的症状放在心上，但随后，部分村民也开始出现一系列异常症状，包括高热、乏力、恶心及呕吐，甚至出现皮下淤血和休克。这些病例呈散状分布，但没有发现人与人之间的传播现象。多数病例表现为急性发病，临床症状较为严重，大约有50%的患者后续发展成为中毒性休克综合征，在当地造成38人死亡。

这一情况引起了当地居民的担忧和恐慌，也引起了卫生部门的关注。专家组迅速展开疫情防控工作，其中包括兽医在内的许多专业人员。他们很快发现，此次引发猪和人感染的罪魁祸首——猪链球菌（*Streptococcus suis*）。这种细菌属于条件致病菌，通常认为高达30%~75%猪群中都携带这种菌，但并不一定会直接导致发病。当外界出现温湿度高、气候变化大、圈舍卫生条件不佳等因素，可能导致猪群应激而感染猪链球菌病。此次动物疫情主要发生在散养户，而且多发生在卫生条件差、圈舍通风不良、阴暗潮湿的环境中，而卫生条件相对较好的大型养殖场和规模化养殖户并未有疫情报告。这提示我们，疫情

的暴发与养殖环境的质量息息相关。更需要人们关注的是，这些村民被链球菌感染的主要原因是他们私自宰杀和加工患有疾病的猪。❶

没错，这种被称为"猪链球菌病"的疾病属于人畜共患病。人畜共患病是指那些可以从非人类动物传播到人类的传染病，反之亦然。其病原体可以是细菌、病毒、寄生虫，甚至可能涉及非典型的传播媒介。这些病原体可以通过直接接触、食物、水或环境传播给人类。在已知可以感染人类的1709种病原体中，人畜共患病的病原体有832种，占比接近一半。❷❸有一种被戏称为"懒汉病"的疾病实际上是由布鲁氏菌引起的，也被称为布鲁氏菌病。该病会导致患者感到极度的乏力和疲劳，伴随大汗淋漓、湿透衣裤，同时还会出现肌肉和关节的疼痛，使得患者无法进行正常劳动，只能卧床休息。这种疾病通常被认为是兽医、畜牧人员等人群的职业病。在我国，布鲁氏菌病的主要传染源是羊，其次是牛和猪。❹人类感染该病主要是通过接触感染的动物或其分泌物，或者食用受污染的食物，如生乳、奶酪等。该病的临床表现复杂多变，症状各异，往往难以根治。布鲁氏菌病的感染主要引起自然宿主（如牛、羊等）的流产和不育，这些细菌在胎盘滋养层细胞中大量繁殖，传播途径主要包括暴露于流产动物的阴道分泌物中，性传播是一个重要的传播途径。此外，人类后代也可能在子宫内被感染，或者通过食用受污染的牛奶而感染。尽管一些布鲁氏菌毒株对人类具有高度传染性，但人类只是偶然的宿

❶ 卫生部、农业部联合发布四川省猪链球菌病疫情评估报告 [J]. 肉品卫生，2005（9）：50-51.

❷ TAYLOR L H，LATHAM S M，Woolhouse M E. Risk Factors for Human Disease Emergence [J]. Philos Trans R Soc Lond B Biol Sci，2001，356（1411）：983-989.

❸ 国家卫生健康委员会. 中国卫生健康统计年鉴（2019）[M]. 北京：中国协和医科大学出版社，2019.

❹ 姜海，阚飙. 我国布鲁氏菌病防控现状、进展及建议 [J]. 中华流行病学杂志，2020，41（9）：1424-1427.

主，人传人的情况非常罕见。❶

　　另外一种骇人听闻的人畜"杀手"——炭疽杆菌，在历史上留下了一些令人深思的事件。这种细菌最早是由科赫在进行牛炭疽病研究时被发现的，但在第二次世界大战时期，丧心病狂的侵略者将它用作生化武器。在抗日战争中，日军731部队曾对浙赣地区使用炭疽杆菌，导致数千名人民感染，造成严重伤亡。在美国，也发生过一起关于炭

▲ 人和羊的亲密接触可能
会感染布鲁氏菌病

疽杆菌的生物恐怖袭击事件。有人寄送含有炭疽杆菌的信件给多个新闻媒体办公室及两名民主党参议员，最终导致5人死亡，22人被感染。❷炭疽杆菌通常源于动物，当牛羊食用被污染的草时，它们可能会感染炭疽杆菌，而患病牛羊的粪便和尸体又进一步污染土壤。当人接触到这些尸体或粪便时，就可能感染这种可怕的病菌。一开始，患者表现出类似流感的症状，然后迅速发展为一种急性病症。皮肤上会出现坏死、溃疡、焦痂，周围组织广泛水肿，伴有毒血症的表现。动物炭疽病的标志性特征就是血液呈暗紫红色，凝固不良，黏稠似煤焦油。

　　更可怕的是，炭疽杆菌还有另一个有力的杀手锏——芽孢。在恶劣的环

❶ ROOP R M，BARTON I S，HOPERSBERGER D，et al. Uncovering the hidden credentials of Brucella virulence [J]. Microbiol Mol Biol Rev，2021，85（1）：4.

❷ NOJI E. The anthrax letters：A bioterrorism expert investigates the attack that shocked America [M]. NewYork：Shyhorse：2009.

▲ 巴斯德与感染炭疽杆菌病的牛

境下，它们能形成椭圆形半透明的小体，赋予自己极强的存活能力。它们形成的芽孢能在土壤中长期持续存在，在羊皮上甚至能存活数年，即使阳光直射也能存活上百小时，甚至一些常见消毒剂也难以迅速杀灭它们。❶幸运的是，由巴斯德（Pasteur）领导的科学家们找到了对抗炭疽杆菌的方法。他们制作了减毒疫苗，通过为牛羊注射来预防炭疽杆菌感染。随着防治手段和生产消毒措施的完善，现代炭疽杆菌病已经变成了罕见病。

❶ CARLSON C J，GETZ W M，KAUSRUD K L，et al. Spores and Soil from Six Sides：Interdisciplinarity and the Environmental Biology of Anthrax（Bacillus Anthracis）[J]. Biol Rev Camb Philos Soc，2018，93（4）：1813-1831.

Tips：防范人畜共患病的小妙招

现代人们越来越关注公共卫生安全，大部分人畜共患病也能得到相关部门的大力控制，但个人在日常生活中也可以采取一些简单而有效的预防措施，以保障自身和家人的健康。以下是一些预防人畜共患病的小妙招：

（1）避免接近和食用病死动物：病死动物可能携带各种病原体，因此要避免与其接触，也不要食用其肉或其他相关制品。

（2）合理食用畜禽产品：在食用畜禽产品时，确保食品烹饪熟透，避免生食或半生食品，以减少感染的风险。

（3）定期接种疫苗：对于家养动物，特别是养殖场的动物，要按照兽医建议定期接种疫苗，以预防常见的动物传染病。

（4）保持环境卫生：在家庭或养殖场中，保持环境的清洁卫生，定期清理动物的居住区，减少病原体传播的机会。

这些简单的生活习惯和预防措施能够有效地降低人畜共患病的传播风险，提高个人和社区的健康水平。同时，关注卫生、定期检查家养动物的健康状况也是预防患病的重要手段。

15. 自然界中的潜伏者

2013年3月，我国国家卫生和计划生育委员会正式公布人感染H7N9禽流感的3例确诊病例，首次证实来源于鸟类的H7N9亚型禽流感病毒可以感染人类。[1]禽流感病毒是一种甲型流感病毒，能够在野生鸟类中长期储存、变异和流行，并能随着候鸟迁徙跨区域散播，过去人们也把其所引起的疾病称为"鸡瘟"。近些年来，不仅是禽流感病毒，包括许多人畜共患病的病原细菌跨越不同物种的传播风险也在不断提高，给人类敲响了警钟。

很多野生动物因为其可爱的外表深受人们的喜爱。随着社会的飞速发展和人类活动范围的不断扩大，人类与野生动物的接触也更加频繁。人与自然亲密接触本是好事，但也是细菌等病原体传播的一种途径。

旱獭是生活在青藏高原高山草甸区的

▲ 旱獭

---

❶ 姜慧芬, 罗永能, 姜立民. 人感染H7N9禽流感的流行特征 [J]. 中华医院感染学杂志, 2015, 25（3）: 629-631.

一种生物，更是一种经济动物，挖捕、贩运旱獭的事件时有发生，汉语中的"土拨鼠"可能是谐音的"吐蕃鼠"，指的多半是旱獭。圆圆的眼睛、憨憨的形态和站立的动作使得蠢萌的它们作为表情包在网络上迅速走红。然而，在这背后，更需要清楚的一点是，旱獭是鼠疫，也就是黑死病的天然宿主，也是鼠疫的源头之一。❶鼠疫是一种较为古老的传染病，由鼠疫耶尔森菌（*Yersinia pestis*）引起，可以通过媒介跳蚤传播，发源于野生啮齿动物。某些传染病的病原体在自然条件下，不需要人类参与也可通过媒介（绝大多数是吸血节肢动物）感染野生脊椎动物，并在这些野生脊椎动物之间流行，且长期在自然界循环并延续至其后代，这种现象称为自然疫源性。存在自然疫源性的地区称为自然疫源地。鼠疫就是一种特异的自然疫源性人畜共患病，在我国西北地区的野外有许多鼠疫的自然疫源地。《中华人民共和国传染病防治法》中将鼠疫列为甲类传染病❷。

萌萌软软的兔子往往很受小朋友的喜爱。然而在野外遇到蹦蹦跳跳的小可爱，可不能随意伸手触碰，它们身上也可能携带一种杀伤人的"武器"——土拉热弗朗西斯菌（*Francisella tularensis*）。它会引起兔热病，一种以高热、全身淋巴结肿大及内脏器官发生干酪样坏死❸

▲ 野兔

❶ 李胜，靳娟，何建，等. 我国喜马拉雅旱獭鼠与南方家鼠鼠疫疫源地鼠疫菌遗传特征研究 [J]. 中国热带医学，2023，23（9）：916-921.

❷ 甲类传染病传染性强，传播速度快，病死率高。目前有细菌性的甲类传染病鼠疫和霍乱两种。

❸ 干酪样坏死是一种特殊类型的凝固性坏死。因病灶中含脂质较多，坏死区呈黄色，状似干酪，故称为干酪样坏死。

为特征的传染病，人十分易感，野生啮齿类动物是它的主要传染源，可通过血液、消化道传播，并在春、秋季多发。❶兔子的繁殖能力很强，也容易"受惊"，因此，在野外游玩时被兔子抓伤，一定要放在心上，及时处理。

还有一种现代人可能很少听过的一种疾病——麻风病，它是一种由麻风分枝杆菌（*Mycobacterium leprae*）感染所造成的神经性、呼吸道和皮肤疾病。很多麻风患者皮肤出现斑疹，像一片一片的鳞片，因此这种病在以前还被称为鳞片病。麻风病是一种古老的疾病，几千年前就有关于这种病的历史记载，但其实很少见到有动物感染这种病，犰狳经常携带这种病菌。犰狳是美洲的一种长着硬壳的哺乳动物，由骨质和角质组成的硬壳可以保护它们免受伤害，甚至可以阻挡子弹，坚硬无比。有研究显示，在美国南部地区发现犰狳可能会将麻风分枝杆菌传播给当地的人类，但具体的传播机制并不明确。❷

▲ 犰狳

然而，根据科学家推断，犰狳并不是这种病菌的天然宿主，它们可能是偶然地从人类那感染这种病菌，由于犰狳的体温比人类低，很适合该菌的生长，因此麻风分枝杆菌在犰狳种群中持续存在，现在又传播回人类中。❸

人类与动物共享同一个地球，在这个共生的环境中，人类与动物的健康

❶ TELFORD S R，GOETHERT H K. Ecology of Francisella Tularensis [J]. Annu Rev Entomol，2020，65（1）：351-372.

❷ TRUMAN R W，SINGH P，SHARMA R，et al. Probable Zoonotic Leprosy in the Southern United States [J]. N Engl J Med，2011，364（17）：1626-1633.

❸ HAN X Y，SILVA F J. On the Age of Leprosy [J]. PLoS Negl Trop Dis，2014，8（2）：e2544.

相互依存。不管这些人畜共患病的病原体最初起源于何处，不可否认的是，人类现在需要从"One Health"的角度来看待这些疾病，需要将关注点从单一物种转移到整个生态系统的健康，确保人类和动物在同一个环境下和谐共处。

Tips：探险家小贴士

在踏青游玩的时候，我们都期待着与大自然亲密接触，但为了确保愉快的旅行体验，也要注意与野生动物的"友好相处"。

（1）尽量减少接触野生动物：尤其是用手触摸和投掷食物。

（2）不要食用野生动物：食用野生动物可以将接触野生动物身上的病原的风险扩大数倍。

（3）接触野生动物时需要注意的事项：避免伤口接触；避免直接接触野生动物的体液和排泄物，如唾液、尿液、粪便等。

（4）注意个人防护：佩戴适当的防护设备，如口罩、手套等；勤洗手，保持个人卫生；被野生动物咬伤、抓伤时，应该及时就医，进行消毒处理。

16. 身边的隐形危机

在人类历史的长河中，曾多次暴发疫病的大流行。1346—1353年，欧亚大陆西部和北非地区暴发了一次人类历史上有记录以来最致命的一次流行病——黑死病（Black Death），当时这两个地区40%~60%的人因此丧命。其实，人类历史中时常伴随着黑死病大流行的记载。第一次发生在541—767年，我国在1894年也曾暴发过一次严重的黑死病疫情。黑死病也称为鼠疫，是由鼠疫耶尔森菌引起的一种烈性传染病，也是一种自然疫源性疾病，该菌广泛存在于鼠类、旱獭等啮齿类动物的体内。虽然将它称为"鼠疫"耶尔森菌，但其实鼠并不是直接传染源。事实上，跳蚤将这种细菌传播到鼠体内，让它成为第一个"受害者"，细菌在鼠体内繁殖，并传染到鼠身上的跳蚤中。在卫生条件较差的地区，这些鼠不断繁殖，身上的跳蚤也成倍增殖，周而复始，恶性循环，最终叮咬

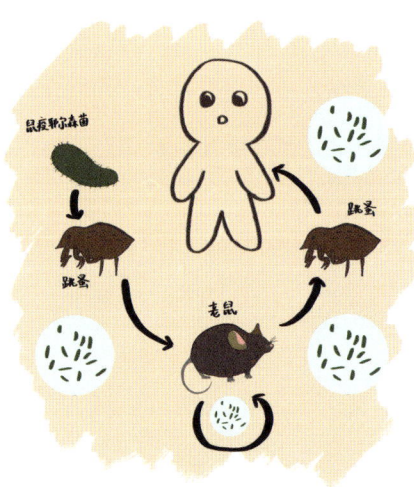

▲ 鼠疫感染人类的途径

人类后，就会将这一危险的病原菌传染到人类中。

时至今日，鼠仍是让人十分头疼的动物，它们的种类众多，繁殖能力极强。人们一直将这种啮齿动物视为一类"害虫"，它与历史记载中的许多流行病息息相关。除了黑死病的病原菌鼠疫耶尔森菌，鼠还能携带拉沙热❶、钩端螺旋体病❷和汉坦病毒肺综合征❸等疾病的病原体，主要通过咬伤和抓伤、唾液、粪便和尿液等方式直接传播，或者通过跳蚤等间接传播给人类，严重危害人类健康。虽然可怕的黑死病大流行已经成为过去，但是需要时刻警惕细菌"骑乘"着鼠对人类再次发起进攻。与鼠类一样，许多动物与人类生活活动有关，有着不可避免的"密切接触"。无论是人们的好朋友——宠物，还是不速之客——苍蝇和蟑螂等，它们都有可能携带各种细菌。因此，了解这些潜在的健康风险，采取相应的预防措施，对于维护个人和家庭的健康至关重要。

蟑螂在家里突然出现，总会引起一阵骚动。蟑螂这种古老的生物可以追溯到3.2亿年前。在蟑螂漫长的进化历程中，它一直与细菌紧密共生。目前的研究发现，蟑螂身上携带约40种致病菌，仿佛成了细菌行走的传播者。❹❺此外，蟑螂可能成为传播"超级细菌"的媒介，对人类造成更危险的感染性危

❶ 拉沙热：拉沙热病毒引起的人畜共患病，一般为渐进性发病，症状各不相同。

❷ 钩端螺旋体病：钩端螺旋体引起的全身性感染疾病，主要症状有发热、头痛、全身乏力、眼结膜充血、腓肠肌疼痛及淋巴结肿大。

❸ 汉坦病毒肺综合征：辛诺柏病毒及其相关汉坦病毒引起的全身性疾病，典型病程分三期，即前驱期、心肺期和恢复期。前驱期有发热和呼吸道症状，心肺期出现呼吸窘迫等症状，恢复期通气功能恢复。

❹ 姜志宽，吴光华. 蟑螂防治（一）——蟑螂的危害、形态特征与生活史 [J]. 中华卫生杀虫药械，2009，15（1）：69-72.

❺ GUZMAN J，VILCINSKAS A. Bacteria Associated with Cockroaches：Health Risk or Biotechnological Opportunity? [J]. Appl Microbiol Biotechnol，2020，104（24）：10369-10387.

害。早在1991年，科学家发现一些医院、杂货店和餐馆的蟑螂可能携带沙门氏菌，人类感染这些沙门氏菌后在进行治疗的过程中存在一定的困难，因为一些治疗药物已经失去了效用。❶

当然，能引起人们反感的也不只是鼠和蟑螂，一听到"嗡嗡"的声音，人们就知道一定是苍蝇在附近盘旋。苍蝇是一种双翅目昆虫，它的足和口器带有腺毛和垫子，分泌大量黏性物质，易携带大量细菌，包括金黄色葡萄球菌、沙门氏菌、志贺菌（*Shigella*）、弯曲杆菌（*Campylobacter*）等，在苍蝇接触人类皮肤时，就可能将这些细菌传染至人类。更可怕的是，苍蝇不仅仅喜爱"叮有缝的蛋"，它们还喜欢触碰人类的食物，这些细菌有可能顺着食物进入人类体内，带来不可估计的后果。❷有专家推测，分泌肠毒素的金黄色葡萄球菌通过苍蝇污染食物后，可能引起人类食物中毒。❸此外，还有另一种"嗡嗡"的动物——蚊子，也是微生物传播的帮凶之一。最为典型的案例就是它们与登革病毒❹的"合作"：当一只未感染的蚊子叮咬了一名登革病毒携带患者时，病毒会随着血液进入蚊子体内，并在蚊子体内生长繁殖。当这只蚊子再次叮咬人类时，病毒将会随着唾液传播给人类，可能引发感染。其中，埃及伊蚊和白纹伊蚊是主要的传播者。据统计，每年有1亿～4亿的人

---

❶ DEVI S J，MURRAY C J. Cockroaches（Blatta and Periplaneta Species）as Reservoirs of Drug-resistant Salmonellas [J]. Epidemiol Infect，1991，107（2）：357-361.

❷ ONWUGAMBA F C，MELLMANN A，NWAUGO V O，et al. Antimicrobial Resistant and Enteropathogenic Bacteria in "filth flies"：A Cross-sectional Study from Nigeria [J]. Sci Rep，2020，10（1）：16990.

❸ 同❷.

❹ 登革病毒是一类黄病毒属病毒，主要通过伊蚊进行传播，引起登革热、登革出血热及登革热－休克综合征，病死率较高。

感染登革病毒，特别是在一些热带特大城市中。❶值得注意的是，在全世界3578种蚊子中，有约9.3%可能传播引起人类疾病的病原体。❷因此，我们要注意个人和环境卫生，避免蚊虫的出现，减少病原体的传播。

除了这些"可怕"的动物和昆虫外，我们饲养的"可爱"的宠物身上也可能会携带许多病原体，其中最令人闻风丧胆的是狂犬病毒。如果不小心被狗咬伤后不进行狂犬病疫苗免疫的话，有可能感染狂犬病毒。狂犬病患者主要表现为中枢神经系统症状，如焦虑、恐水等，最终致命。

有些细菌可能会被大家忽略，它们本身可能对宠物自身有利，不会使宠物产生疾病，但也会传播给人类，造成宠物主人被感染而引起疾病。例如，可爱的猫咪通过抓伤或者咬伤人类后，有可能会造成猫抓病，患者的受伤部位可能会出现无痛性肿块或水泡，感到疲倦、头痛或发热，这是一类由汉赛巴尔通体（*Bartonella henselae*）引起的感染，40%的猫都携带这种细菌，通常是经常去户外的猫接触到跳蚤后感染的。❸如果家中的宠物经常去户外玩耍，它们进入草丛、树林，四肢或身体都会不同程度地沾染到藏匿在隐秘角落的细菌。沙门氏菌和弯曲杆菌这类细菌既能感染宠物，也可以通过粪便传播给人类，导致人们出现腹泻、呕吐和发热等症状。当然，这并不是建议人们不要养宠物或者应当避免接触宠物，作为宠物主人，对这些病原的存在和风险有了更清楚的认识，可以更好地保护宠物和自身的健康。

❶ BRADY O J, HAY S I. The global expansion of dengue : How Aedes aegypti mosquitoes enabled the first pandemic arbovirus [J]. Annu Rev Entomol，2020，65：191-208.

❷ YEE D A, DEAN BERMOND C, REYES-TORRES L J, et al. Robust Network Stability of Mosquitoes and Human Pathogens of Medical Importance [J]. Parasit Vectors，2022，15（1）：216.

❸ KLOTZ S A, IANAS V, ELLIOTT S P. Cat-scratch disease [J]. Am Fam Physician, 2011, 83（2）：152-155.

Tips：守护"家庭成员"健康的注意事项

在日常生活中，苍蝇、蟑螂及与宠物相处都与我们的健康息息相关。首先，保持室内外环境的清洁是防止苍蝇和蟑螂滋生的重要环节。定期清理室内垃圾，不仅能维持整洁，还能减少这些害虫的滋生地，提高我们居住环境的舒适度。特别是对于蟑螂和老鼠，它们不仅是令人讨厌的存在，更可能携带疾病传播给人类。因此，一旦发现家中有鼠和蟑螂的踪迹，我们应该及时采取措施"杀灭"它们，以免它们对我们的健康造成潜在威胁。

与此同时，与宠物相处也需要小心。定期为宠物进行检查，保证它们的身体健康，可以减少宠物传播疾病的风险。勤洗手是与宠物亲密接触后的基本原则，尤其在处理宠物食物、清理排泄物之后，更要保证清洁到位。避免与宠物共享生肉等食物，可以有效减少潜在的食源性疾病的风险。定期清理宠物的生活环境同样重要，清理床铺、玩具、猫砂盆等地方，有助于减少细菌和寄生虫滋生的可能性，保护人类和宠物的共同健康。最后，在进行清理工作时，无论是处理宠物的排泄物还是清理垃圾，都应当注意防护，避免直接用手接触。使用手套或清洁工具，并保持良好的手卫生，是保护自己免受潜在威胁的有效方法。

通过保持清洁、定期对宠物进行健康检查、注意个人卫生等一系列措施，可以更好地预防苍蝇、蟑螂等害虫的滋生，降低宠物传播疾病的风险，从而保护所有"家庭成员"的健康。

17. 植物与微生物：共赢或对抗？

　　当人们提起微生物生态学的先驱，除了分别对细菌学和病毒学的发展功不可没的巴斯德和贝杰林克，其实还有前文提到的现代土壤微生物学的奠基人维诺格拉茨基，他是第一批不具有医学背景，但尝试了解微生物的研究人员之一。除了发现化学合成这一现象，他最大的贡献应该就是引领人类深入地了解植物与微生物共生❶关系之奥秘。他发现的硫细菌展示了一种特殊的与植物建立共生关系的方式。这推动了另一个历史性转折点的发展——固氮细菌的发现，这类细菌有能力将空气中的氮气转化为植物可利用的形式。

　　除了导致烟草花叶病的病毒，贝杰林克其实还致力于研究与豆科植物形成共生关系的细菌，即根瘤菌（*Rhizobium*）。20世纪初，科学家们首次观察到与豆科植物根系形成的小块状结构，这就是共生的根瘤。贝杰林克发现细菌可以驻留在某些植物（豆类）的根瘤内，并且能将双原子氮气转化为铵离子并可供植物利用，也就是它们能够固定大气中的氮气，将其转化为植物可吸收的形式。这一发现不仅揭示了植物与微生物之间微妙的协同作用，还"解锁"了一种能够为植物提供氮元素的机制。氮元素对植物的生长至关重要，然而，植物

---

❶ 共生是指两种不同生物之间所形成的紧密互利关系。动物、植物、菌类及三者中任意两者之间都
　 存在"共生"。

▲ 植物根部的根瘤菌

无法直接从空气中吸收氮气，因此这种由根瘤菌实现的氮固定为植物的生长提供了极大的帮助。❶

不是所有细菌都能与植物互利共生，正如人类和动物会受到有害菌的侵袭一样，植物也同样易受到某些病原细菌的攻击，这不仅影响它们的正常生长和发育，还可能导致严重的疾病。对于植物来说，有几种特别引人瞩目的细菌性疾病。首先是细菌性斑点病，它主要由黄单胞菌属（Xanthomonas spp.）和假单胞菌属（Pseudomonas spp.）细菌引起，这些病原体会侵染植物的叶片，造成圆形或不规则的黑褐色斑点。严重时这种疾病会导致叶片黄化、脱落，从而严重影响植物的光合作用和养分吸收，对植物的整体健康造成重大威胁。❷另一种常见的疾病是细菌性软腐病，它是由多个种属的细菌引起的复合型感染。在这些病原体中，迪克亚菌属（Dickeya spp.）和欧氏杆菌属（Erwinia spp.）是被广泛研究的软腐病细菌。这种疾病会让植物组织变得软弱，含水量增加，植物腐烂并流出散发恶臭的褐色渗液，感染部位通常变得黏稠，严重影响植物的整体健康。❸另外

❶ VAN RHIJN P, VANDERLEYDEN J. The Rhizobium-plant Symbiosis [J]. Microbiol Rev, 1995, 59（1）: 124-142.

❷ JIBRIN M O, TIMILSINA S, MINSAVAGE G V, et al. Bacterial spot of tomato and pepper in Africa : Diversity, emergence of T5 race, and management [J]. Front Microbiol, 2022, 8（13）: 835647.

❸ CHARKOWSKI A O. The changing face of bacterial soft-rot diseases [J]. Annu Rev Phytopathol, 2018, 56 : 269-288.

还有梨火疫病菌（*Erwinia amylovora*）引起的火焰病，这种细菌主要危害梨树和苹果树，患病植物叶片和枝条出现枯黑的病斑，形成火焰状的外观，可能导致整株植物的凋零。❶还有包括青枯雷尔氏菌（*Ralstonia solanacearum*）在内的多种细菌引起的细菌性根腐病，这种病会引起植物的根部腐烂，最终导致植物的枯萎和死亡。❷除此之外，还有很多可能对植物健康存在潜在威胁的细菌，它们通过多种方式在植物间进行传播，包括水、土壤、种子和昆虫，从而导致植物发生疾病，对农业造成严重影响。为了防范这些有害细菌的侵害，农民和相关工作人员通常采取一系列的防治措施，如使用抗病品种、保持良好的排水、定期除去受感染的植物部分等，减少细菌对植物的"伤害"。

▲ 受细菌侵袭的植物

❶ PIQUÉ N，MIÑANA-GALBIS D，MERINO S，et al. Amylovora：A review [J]. Int J Mol Sci，2015，16（6）：12836-12854.

❷ PEETERS N，GUIDOT A，VAILLEAU F，et al. Ralstonia Solanacearum，A Widespread Bacterial Plant Pathogen in the Post-genomic Era [J]. Mol Plant Pathol，2013，14（7）：651-662.

　　当然，大多数可以引起植物疾病的细菌并不适合在人类体内生存和繁殖。但当植物被一些人畜共患细菌污染时，也可能对人类产生不利影响。2019年春季，瑞典和丹麦的餐桌上就曾发生过一件不寻常的事。一盘看似新鲜、绿油油的菠菜，竟成为一场国际性健康危机的导火索。原来，这些菠菜携带了一种名为小肠结肠炎耶尔森菌（*Yersinia enterocolitica*）的隐形"搭便车者"，引发了一场跨越国界的疫情。❶时间快转到2023年11月，美国各地的超市和家庭再次遭遇了类似的困境。这一次，主角是受污染的哈密瓜。这些看似无害的水果悄悄地在人群中传播了沙门氏菌，即一种能在人体内引发严重胃肠炎症的微生物。根据美国疾病控制与预防中心的数据，沙门氏菌的阴影已经蔓延至44个州，至少407人感染，其中6人不幸失去了生命，另有158人不得不住院治疗。❷这些事件无不彰显植物也可能作为病原体的"帮凶"，对人类食品链的安全产生重大影响，因此人们应加强食品生产和加工过程中卫生的管理。

❶ ESPENHAIN L，RIESS M，MÜLLER L，et al. Cross-border Outbreak of Yersinia Enterocolitica O3 Associated with Imported Fresh Spinach，Sweden and Denmark，March 2019 [J]. Euro Surveill，2019，24（24）：1900368.

❷ Food and Drug Administration. Outbreak investigation of Salmonella：Cantalacpes [EB/OL].（2023-11-03）[2023-11-04]. https://www.fda.gov/food/outbreaks-foodborne-illness/outbreak-investigation-salmonella-cantaloupes-novmber-2023.

Tips: 生食沙拉洗洗就能吃吗?

如上文所述,蔬菜上有可能携带一些人们看不见的微生物,虽然卫生管理部门对其进行了监管,但日常生活中也应该多加注意。为了避免在食用生沙拉时受到细菌感染,可以遵循以下几个小贴士:

(1)清洗蔬菜和水果:使用流动的水彻底清洗所有蔬菜和水果。即使是预包装的"已洗净"沙拉也建议再清洗一遍。

(2)使用清洁的刀具和砧板:确保使用清洁的刀具和砧板来切割蔬菜和水果。避免使用已经用来处理生肉、禽类或海鲜的刀具和砧板,避免交叉污染。

(3)购买新鲜产品:尽量选择新鲜的蔬菜和水果,注意检查是否有损坏或腐烂的迹象。

(4)存储注意事项:将切好的蔬菜存放在冰箱中,避免在室温下放置过长时间。另外,不要在冰箱中存放过久,避免被冰箱中的细菌污染。

(5)注意保质期:关注包装蔬菜的保质期,避免食用过期食品。

(6)充分烹饪易污染食物:某些蔬菜,如豆芽,可能需要彻底烹饪以消灭潜在的有害细菌。

(7)注意个人卫生:在处理食物前后,洗手是非常重要的。

遵循这些小贴士,可以有效降低在食用生沙拉时受到细菌感染的风险。

18. 人体的防卫菌队

20世纪初，被誉为"先天免疫之父"的动物学家伊利亚·梅契尼可夫（Élie Metchnikoff）最早提出衰老的概念，他认为衰老是由肠道中的有害细菌引起的，而乳酸可以延长寿命。[1]他坚信，在我们的肠道深处居住着一些"隐形的守护者"——有益菌群。这些微小但强大的细菌不仅是我们健康的伙伴，还是抵御外来侵害者（如病原体）的先锋军。它们在维持免疫平衡的过程中发挥着至关重要的作用，就如同一位智慧的指挥官，精准调控着我们体内的防御系统。[2]梅契尼可夫的这一理论开启了人类对肠道菌群研究的新纪元。他让我们认识到，人类体内的这个微观世界并非简单的存在，而是一个充满活力、与我们息息相关的生态系统。

在人体内部，隐藏着一个微观世界的奇迹——一个复杂而神奇的生态系统，主角是无数微生物，它们与我们的健康紧密相连。肠道微生物群的早期组成和发展对个体的长期健康产生深远影响，其中双歧杆菌属（*Bifidobacterium*

---

[1] BROWN A C, VALIERE A. Probiotics and Medical Nutrition Therapy [J]. Nutr Clin Care, 2004, 7（2）: 56-68.

[2] UNDERHILL D M, GORDON S, IMHOF B A, et al. Élie Metchnikoff（1845—1916）: Celebrating 100 years of Cellular Immunology and Beyond [J]. Nat Rev Immunol, 2016, 16（10）: 651-656.

spp.）等微生物的作用尤为重要。它们不仅影响着我们的消化系统，还与免疫功能、营养吸收甚至情绪和行为都有着微妙的联系。❶从呱呱坠地的那一刻起，我们便与这些微小的生命体建立了一种特殊的联结。随着人体的成长，肠道内的微生物群也逐渐壮大，形成了一个繁荣的微生物"社区"。这个"社区"不仅包括细菌，还有真菌、病毒及其他单细胞生物，构成了一个多元且复杂的生态圈。这些微生物不仅在数量上令人叹为观止，其种类的多样性和功能的复杂性也是惊人的。事实上，除了肠道微生物群，在与外界相通的口腔、皮肤，甚至生殖道都有固定的微生物群，不同部位的微生物群组成不一样，但都能与人类和谐相处。❷❸

为什么这些固有菌群不会导致机体患病呢？因为人体有将固有细菌隔绝在外的多重屏障。皮肤、黏膜及其分泌物首先将各种"威胁"排除在外，即使有细菌侥幸通过这道防线，也不要担心，人体还有更加具有杀伤力的"队伍"：第二道防线，也就是体液中的杀菌物质。这两道防线是健康人群所共有的，它们不针对某一种特定的病原体，对多种病原体都有防御作用。而人体也会在出

▲ 人体不同部位的菌群

❶ MILANI C，DURANTI S，BOTTACINI F，et al. The first microbial colonizers of the human gut：Composition，activities，and health implications of the infant gut microbiota [J]. Microbiol Mol Biol Rev，2017，81（4）：e00036-17.

❷ BYRD A L，BELKAID Y，SEGRE J A. The Human Skin Microbiome [J]. Nat Rev Microbiol，2018，16（3）：143-155.

❸ GAO L，XU T，HUANG G，et al. Oral Microbiomes：More and More Importance in Oral Cavity and Whole Body [J]. Protein Cell，2018，9（5）：488-500.

生之后建立起属于自己的"特异性部队":第三道防线,主要由免疫器官(扁桃体、淋巴结、胸腺、骨髓和脾等)和免疫细胞(淋巴细胞、单核/巨噬细胞、粒细胞和肥大细胞)借助血液循环和淋巴循环而组成的。经过这三条防线之后,基本上所有对人体有害的菌都难以存活,固有菌群即使存在也不会对我们的健康造成危害了。❶另外,这些肠道菌群中的大多数细菌主要定植在消化道的较远端。它们在机体吸收完大部分营养物质后,利用宿主无法消化的膳食纤维和其他食物残渣进行发酵,在获取自身生长所需营养的同时合成一些维生素、必需氨基酸及短链脂肪酸等重要的代谢产物。在这个过程中,肠道菌群和人体实现"双赢"。这些代谢产物不仅刺激宿主的多个生物信号通路,调节能量稳态,还影响组织发育、炎症和免疫进程,对宿主健康发挥着重要作用。❷

　　然而,一些潜在犯罪分子——"条件致病菌"也悄然居住在其中。这些条件致病菌在肠道、皮肤等部位的正常菌群中平静生活,对健康的个体通常表现为无害。它们的存在,通常不会引起我们的注意。但是,机体的秩序一旦被打破,平静的生活便会受到威胁。当宿主的防御系统因某些原因(如疾病、免疫力下降和外伤等)弱化时,这些条件致病菌就会抓住机会,变身为引发感染的"坏蛋":它们迅速繁殖,攻击宿主体内的弱点,导致各种感染。在更差的情况下,肠道菌群的失调会加快条件致病菌的侵入。腹泻是其中最为明显的症状,而其他问题,如由肠道菌群中的潜在致病菌引起的内源性感染,以及一些过敏性疾病(如特异性反应性湿疹、过敏性皮炎和炎症性

❶ LITMAN G W, CANNON J P, DISHAW L J. Reconstructing Immune Phylogeny:New Perspectives [J]. Nat Rev Immunol,2005,5(11):866-879.

❷ DOMINGUEZ-BELLO M G, GODOY-VITORINO F, KNIGHT R, et al. Role of the Microbiome in Human Development [J]. Gut,2019,68(6):1108-1114.

肠病等），被认为与菌群变化、肠屏障功能损害及免疫紊乱有关。当患者住院时间过长，伴随着抗生素的使用过度，尤其是抗菌谱过广、使用时间过长，会加快菌群失调的速度。此外，同位素、激素等物质在治疗疾病的同时可能降低机体免疫力，使机体潜在的致病菌有机可乘。

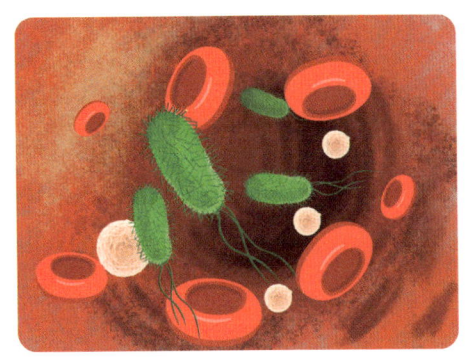

▲ *菌血症——血液中的细菌*

另外，手术、外伤、感染、肿瘤及环境污染等也可能引起菌群失调。❶

　　不同的细菌感染会表现为不一样的症状，但它们的共同点是能引起人体免疫系统紊乱，通常会出现一系列不适症状，包括发热、寒战、头痛和肌肉疼痛等。这些症状是机体对细菌侵入的典型反应，同时也是感染性疾病的常见表现。严重的细菌感染可能导致菌血症❷。菌血症可引发全身性炎症反应，危及生命。常见的菌血症症状包括高热、心率加快和低血压等，需要进行紧急医疗处理。❸细菌感染还可能导致组织内的脓液积聚，形成脓肿❹。脓肿通常伴随局部肿胀、疼痛和发红，需要及时处理，以防止感染扩散。有些细菌长期存在于人体内，引起慢性感染性疾病，因此及早地诊断和治疗对于有效控制细菌感染的发展至关重要。

---

❶ CHONG P P，KOH A Y. The Gut Microbiota in Transplant Patients [J]. Blood Rev，2020，39：100614.

❷ 菌血症：细菌进入血液循环系统造成一系列严重症状。

❸ PAI S，ENOCH D A，ALIYU S H. Bacteremia in Children：Epidemiology，Clinical Diagnosis and Antibiotic Treatment [J]. Expert Rev Anti Infect Ther，2015，13（9）：1073-1088.

❹ 脓肿：急性感染过程中，组织、器官或体腔内，因病变组织坏死、液化而出现的局限性脓液积聚。

在这个复杂的生态系统中，细菌分布广泛，它们的存在远远超出了我们的想象。每个人体内的微生物组成都是一独一无二的，展现出个体之间的差异。细菌与我们的关系亦敌亦友，一些有益菌在某些情况下也可能变为置人于死地的危险分子。在细菌与人类千百年来的战争中，人类都采取了什么方法来对抗这些病原菌呢？

Tips: 人体的免疫细胞大军

免疫系统对抗细菌的过程是复杂的，涉及多种细胞和分子的相互作用。这个过程大致可以分为先天免疫反应和获得性免疫反应两个阶段。

先天免疫反应是免疫系统的第一道防线，它能够迅速识别和反应于广泛的病原体，包括细菌。这个阶段的特点是反应迅速，但不具有特异性。

（1）物理屏障和化学屏障：皮肤和黏膜作为物理屏障阻挡细菌入侵。同时，胃酸、皮肤上的酸性环境、黏膜上的黏液等化学物质可以杀死或抑制细菌。

▲ 阻挡在皮肤和黏膜外的细菌

（2）炎症反应：当细菌"侥幸"穿过物理屏障侵入体内时，免疫系统会启动炎症反应，这包括血管扩张、血液流动增加和白细胞（如巨噬细胞和中性粒细胞）被招募到感染部位的几个过程。这些白细胞能够吞噬和杀死细菌。

（3）补体系统：是一组血浆蛋白，能够协助吞噬细胞清除细菌。

如果先天免疫反应不能完全清除细菌，获得性免疫反应就会介入其中。获得性免疫反应具有高度的特异性，针对特定的病原体，并且能够"记住"病原体，从而在未来提供更快、更有效的反应。

（1）抗原呈递：专业的抗原呈递细胞（如树突细胞）会捕捉并处理细菌，然后将细菌的抗原片段展示给T细胞。

（2）T细胞激活：辅助T细胞（Th细胞）识别抗原片段，并激活、分泌细胞因子以进一步调动免疫反应。

（3）B细胞激活和抗体产生：辅助T细胞还可以激活B细胞，使其分化为浆细胞，这些浆细胞能够产生针对细菌特定抗原的抗体，进而标记细菌，促进其被吞噬。

（4）记忆细胞形成：一些被激活的B细胞和T细胞会转化为记忆细胞，使免疫系统能够在未来快速识别并应对同一种细菌。

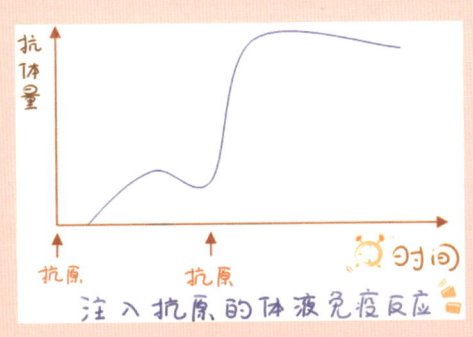

▲ 两次免疫反应

隐匿的敌人

——古代对抗微生物入侵的医学智慧

19. 前人的智慧·东方

疾病是一个民族、一个文明延续发展面临的巨大挑战。作为一个从未间断的文明，中国的先人们在生病时虽然不能像现在一样去医院打针、输液等，但是他们可不会坐以待毙，他们充满了奇思妙想。明朝时，有一个古老的村庄，村民们过着朴素而勤劳的生活。村里有一位德高望重的老者，他对自然充满了好奇心，时刻留心观察着周围的一切。细心的他发现，村庄中生病的小动物会去采食屋檐下特定的植物。这让老人十分好奇——难道这些植物里蕴藏着治疗疾病的神秘力量？这位老人历经27载，跨越崇山峻岭，深入探索，细心记录了古代众多的神秘草药配方，最终铸就了经典之作——《本草纲目》。此书不仅是古代医药智慧的宝库，更如同一本神秘的古籍，藏匿着千年的魔法与秘密。这位老人就像是古代的草药侦探，不断解锁着不同草药的功能。没错，这位老人就是"药圣"李时珍。

▲ 《本草纲目》

"寡妇床头灰"相信很多人都没有听过，但你想不到这是《本草纲目》里收录的一味药，这味药就是寡妇床头上堆积的老灰。《本草纲目》中记载这种老灰可以对抗伤口感染，甚至可以治疗化脓的伤口。后来经过现代医学的研究，人们惊讶地发现这种"老灰"其实是一种霉菌，和我们现在广泛使用的青霉素有着相似的功效。人们常言"哑巴吃黄连——有苦说不出"。黄连，一种味道极为苦涩的中药，在《本草纲目》中留下了它的璀璨身影。尽管它味苦，但其药效实为不凡。在古代，面对外伤与感染的威胁，黄连以其独特的药性，成为医者手中不可或缺的宝贵武器。现代医学发现黄连的主要成分是黄连素，又称小檗碱（亦称黄连素）。它是一种天然广谱的抗菌活性物质，可以通过抑制微生物的生长，达到抗菌消炎的作用。❶这让人们更加惊叹古人的智慧，他们居然在不具备现代科技的情况下，发现了这些神奇的草药。《本草纲目》中记录了古代许多神奇的草药配方，展示了人类对自然资源的观察和利用能力。例如，青蒿，也就是屠呦呦发现可以治疗疟疾❷的青蒿素的来源，青蒿素像一位超级英雄一样在体内迅速扫荡疟原虫，给患者的身体来了一场及时雨。青蒿素还可以和其他抗疟药物组成超强战队——青蒿素联合疗法。屠呦呦也因发现青蒿素的功效，于2015年获得了诺贝尔生理学或医学奖。《本草纲目》也曾记载过青蒿可以用来泡茶治疗疟疾症状。❸除了《本草纲目》以外，中国其他古书中记载着超过10 000种中药化合物❹，其中一部分药物

❶ 林媛，司书毅，蒋建东. 小檗碱的抗菌作用 [J]. 药学学报，2018，53（2）：163-168.

❷ 疟疾是疟原虫感染引起的虫媒传染病。

❸ MILLER L H, SU X. Artemisinin: Discovery from the Chinese Herbal Garden [J]. Cell, 2011, 146（6）: 855-858.

❹ CHEN K，YU B. Certain Progress of Clinical Research on Chinese Integrative Medicine [J]. Chin Med J（Engl），1999，112（10）：934-937.

▲ **青蒿素的来源**

在现在看来可以用科学解释并实际用来治疗疾病：由熟驴皮炼制而成的阿胶具有补血养颜的特性，现代研究也证实了其对血液系统的调节作用[1]；川芎因活血化瘀的功效使其成为治疗头痛、风湿病和卒中等疾病的常见药物。[2][3][4]虽然我们都认识到草药的神奇效应，但目前大部分草药的具体药理作用[5]

[1] 赵振彪，杨亚蕾. 阿胶古今功效考证 [J]. 中国民间疗法，2021，29（23）：18-21.

[2] 林於，刘新. 风湿康颗粒质量标准研究 [J]. 中国医院药学杂志，2007（10）：1464-1467.

[3] 王丽华，杨弋，周德生，等. 川芎清脑颗粒治疗慢性脑缺血伴头痛的疗效研究 [J]. 中国实用内科杂志，2023，43（1）：74-77.

[4] 王宜艳，滕晶. 基于中医传承辅助系统的治疗中风病古方用药规律分析 [J]. 中国实验方剂学杂志，2015，21（21）：197-201.

[5] 药理作用是药物与生物体相互作用的规律及对生物体的影响。

还没有被完全揭示。因此，我们需要以辩证的态度来对待中医药。此外，国家和社会应该鼓励中医药的应用基础研究，结合生物学、化学、药学等多个领域的前沿科技，来深入探索中医药的神奇之处，为人类健康作出更大的贡献。

与现代医学相比，中医更注重整体调和，扶正治本。在几千年前的中国，古人除了用中草药来调理身体，还发明了许多物理疗法❶，其中最为神秘的莫过于针灸。它的起源虽然充满了神秘色彩，但其作为一种古老的疗法在我们中华五千年的历史长河中却扮演了重要的角色。针灸可不是简单的一根针扎下去，而是一门高深莫测的学问，是一种调节身体以战胜疾病的方法。古代的中医认为身体的健康与人体内部的气血流动息息相关。通过在特定的穴位上插入细针，就像给身体按摩一样，调节体内的气血平衡，让身体能够更好地自愈。针灸，可以从字面分成针和灸。针的疗法，古人选择的是简单的银针，但随着现代科技的发展，针也分成不同类型，如毫针、火针、电针。针法治疗时讲究具体问题具体分析，对症下药。而灸则是用燃烧的艾叶在穴位熏蒸，可以起到温暖经络、驱寒逐湿的作用，这可以让身体循环更畅通，达到保养身体的效果。现代人在治疗一些疾病时也会选择这种古老的疗法。例如，类风湿关节炎患者就可以通过针灸的辅助疗法，加快关节功能的恢复。❷还有急性带状疱疹，这种由水痘-带状疱疹病毒引起的传染性皮肤疾病，中医一般称之为"蛇串疮""蛇盘疮"，它最容易攻击免疫力低下的中老年人。人感染该病毒后，皮肤会出现红斑、水泡，并伴随难以忍耐的

❶ 物理疗法是使用包括声、光、冷、热、电、力（运动和压力）等物理因子进行治疗。

❷ 李世永，高希言，李胜男，等．针灸联合补肾祛风湿中药治疗老年类风湿性关节炎的临床观察 [J]. 世界中医药，2023，18（20）：2963-2966.

疼痛。这时针灸就可以起到缓解疼痛的作用，并通过促进气血运行和提高机体免疫的方式促进皮肤愈合。[1]随着时间的推移，针灸逐渐在中国发展起来，并传播到其他亚洲国家。如今，针灸已成为世界各地广泛使用的一种替代疗法，许多人通过针灸来缓解疼痛、减轻压力和促进身体的整体健康。

除了利用草药和针灸治疗疾病，古人更推崇内修提高身体素质。气功便是一种协调身体姿势、运动、呼吸和冥想的修炼方法，其起源可以追溯到几千年前的中国。根据历史记载，气功最早出现在周朝。传说，周武王在战前通过修炼气功来增加自己的力量和智慧，从而成功地击败了强大的敌人。气功的核心概念是气，它被认为是一种无形的能量，存在于人体和自然界中。通过特定的呼吸、动作和意念，气功修炼者可以调节和操控内部的气，以促进身体的健康和精神的平静。历经千年，气功在中国吸收了道家、佛家和儒家等不同思想，不同的气功流派形成了多样化的修炼方法，如太极拳、八段锦、易筋经等。正因为气功的神秘和奥妙，世界上很多人对它感兴趣，也有不少人在探索。无论是追求健康、内心平静，还是追寻人类潜能的发掘，气功都为人们提供了一条独特的修炼之道。它展示了人类对内在能量和自我调节的探索，以及对身心健康的追求。现在仍然广泛流行的太极运动起初是作为一种武术和冥想形式发展起来的，随后逐渐演变成为一种温和的锻炼形式。在中国传统文化中，太极运动代表了一种扩展的哲学和理论概念，其发展也深受传统道家和儒家的影响；注重修身养性和形神兼备，强调内外兼修和尚武崇德。例如，健身气功中的"五劳七伤向后瞧"，通过挺胸转头的动作，可以刺激胸腺，调整颈椎，改善头部的血液循环，提高大脑对内脏器官

[1] 谭薪兴，娄伦田，马界，等.针灸治疗急性带状疱疹机制及临床研究进展[J].四川中医，2022，40（1）：220-223.

的调节能力，从而增强免疫力。另外，马王堆导引术的练习可以有效改善中老年人的免疫功能。它的运动形式是松紧交替的，可以改变机体静态状态下激素的分泌水平，使淋巴管❶收缩，加速淋巴细胞回流和再循环，重新分布于全身，从而提高免疫力。❷研究还发现，如果可以坚持一个月的太极运动，免疫相关的一些指标都会有所改善。❸总而言之，太极拳和健身气功可以通过各种动作和练习方式，对身体和心理健康产生积极影响，从而提高免疫力和整体健康水平。

古代的智者们面对细菌感染等疾病时，虽未有现代医学对于微观世界的了解，但以其卓越的观察力和勤奋的实践，展现了惊人的治疗智慧。他们或许未能直接认知到细菌，却能发现一些草药中蕴含着能够抑制微生物生长的成分，为古代医学在抗击感染方面开辟了一条独特的途径。古老的中国，蕴藏着无尽的医学智慧，中医如一座博大精深的宝库，反映了古人对自然的深刻洞察。在这古老的智慧中，我们看到了古人对身体的深刻理解和对自然的尊重。这些传统医学的智慧如同明亮的星辰，照亮了医学发展的漫漫长夜。它们成为中医与现代医学相辅相成的枢纽，为人类健康谱写出古老而辉煌的篇章。

---

❶ 淋巴管是淋巴液回归血液循环的管道，一种免疫器官。

❷ 李锐，卢伯春. 健身气功对人体身心健康影响的研究进展 [J]. 中国老年学杂志，2022，42（18）：4638-4644.

❸ 宋九龙，李雪萍. 传统哲学视角下太极运动对健康促进作用的研究 [J]. 中国老年保健医学，2022，20（1）：84-87.

Tips: 中医文化源远流长

中医不仅是中国人熟悉的"老朋友"，对日本和韩国的影响也同样深刻而多元。在医学领域，中医理论和治疗方法渗透到日本和韩国的医学实践中，形成了各自独特的医学体系。中药、针灸等具有中医特色的治疗方法在两国得到广泛应用。此外，中医提出的养生观念和食疗理念也深入人心。这种跨文化的医学传承为亚洲地区提供了多元而富有智慧的医学选择，展现了中医在跨国传播中的丰富魅力。

由于鸦片战争和不平等条约的签订，寻求变革的中国开始接触西方的文化、科技和医学知识。19世纪初中国通过洋务运动、戊戌变法开始引进西医，西医在中国快速发展。但在21世纪的今天，中医走出国门，在欧美国家也同样受欢迎。特别是在兽医学中的应用逐渐增多。例如，针灸治疗不仅在家庭宠物中受到欢迎，在赛马等高价值动物中也得到广泛应用。同时，中草药治疗动物疾病的实践也在兽医学中日益普及。虽然这些应用在科学界尚存在争议，但在一些情况下，它们已成为兽医学的重要补充手段。随着这一领域的不断发展，这些应用或将迎来更多关注和研究。

20. 前人的智慧·西方

从前一位中世纪骑士（500—1500年）手中紧握着传说中的龙牙长矛，为城堡安定和平，他毅然地要踏上屠龙的冒险之旅。然而天不遂人愿，他在出发前突发重疾，当时的人们还不知道这是细菌感染导致的，那个时代更没有什么抗生素能用，距离弗莱明（Fleming）发现青霉素至少还有500年。他只能试试当时最时髦的治疗方式——放血疗法❶。放血疗法源于古老的体液学说，这门学说由古希腊的学者希波克拉底（Hippocrates，西方医学之父）提出，他认为人体是由血液、黏液、黄胆和黑胆四种体液组成，而这一理论正好与亚里士多德（Aristotle）的"四元素"理论，即土、气、水和火相对应。希波克拉底等一众希腊医者认为所有的疾病，都是由体液失衡引起的，所以在患者生病时，只要放出部分体液就可以恢复健康。到了古罗马时期，"医圣"盖伦（Galen）通过大量的解剖和研究，"四舍五入"了体液学说。他认为凭借放血这一手段便可以达到体液的平衡，凭借自己的名气和研究成果，此治疗方法被进一步发扬光大。到了中世纪，在欧洲这个哪里难受就砍几刀放血的学说，不仅仅演化为中世纪版本的"治病拼刀刀"，更是逐渐被教会

---

❶ 放血疗法是用针具或刀具刺破或划破人体特定的穴位和一定的部位，放出少量血液，以治疗疾病的一种方法。

奉为净化心灵的疗愈手段。当时的理发师们在政治、社会习俗等各种因素下，成为放血疗法的兼职操作者，担负了大部分放血治疗的工作，从理发店门口的红白蓝"三色灯"就可见一斑，红色和蓝色分别代表了人的动脉和静脉，白色则是绷带的象征。

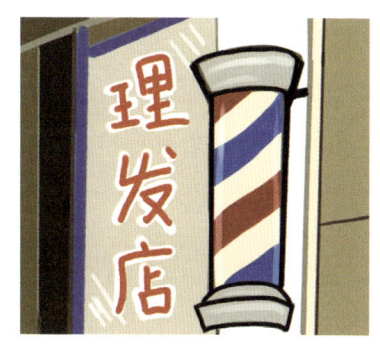

▲ 理发店的"三色灯"

　　但是，如此风靡一时的放血疗法属实不太科学，它的信服者们对人体血液循环并不了解。著名的浪漫主义诗人拜伦（Byron）便对这一疗法表示强烈反对，但是他无法提出支持自己理论的论据，于是在他患重感冒时还是被迫接受了放血治疗，最终导致病情加剧死亡。在他死后，医生还坚持认为他的死因是没有及时接受放血疗法。在这种治疗方法盛行之时，还存在着其他以宗教理念进行的治疗手段，如通过巫医、祷告等治病。另外还有一些通过催吐、灌肠和开颅等手段治疗各种疾病。好不容易等到阿拉伯的草药传入后，西方民众的治疗方法竟还是老一套，使用草药进行灌肠和催吐。听到这里，如此离谱的状态是不是让你想要迅速逃离那个黑暗时代呢？

　　让我们继续拨动时针，来到19世纪中叶。这个时期，资本主义获得了极大的发展，工业革命早已开始，世界处于变革之时。但蒸汽机可不能缓解人们的病痛，当时流行的是一种听起来仿佛还不错的治疗方法——"英雄疗法"。❶英雄疗法可不是字面意思上请几个超级英雄给你治病，医生请来的是一种光滑、多齿的黑色生物——水蛭，所以这一疗法又称为水蛭疗法。因为

---

❶ SULLIVAN R B. Sanguine Practices：A Historical and Historiographic Reconsideration of Heroic Therapy in the Age of Rush [J]. Bull Hist Med，1994，68（2）：211-234.

水蛭通过吸血和食腐肉生存，它小小的吸盘上有3个锯子样式的颚，在这些颚上，每一个都拥着约100颗"尖牙"，可以割开宿主的皮肤，再加上它的唾液中还存在着某种抗凝血酶，能够保证吸血部位的血液源源不断地被吸入"囊中"，直到它饱餐一顿。而这一口结束，它还会留下一个倒"Y"型的咬痕，据说患者不会因此而感到疼痛。听到这里，你是不是感到这一疗法的原理似曾相识？是的，这一疗法的目的仍旧是通过放出患者所谓不干净的血液来治疗百病，换句话说，尽管盖伦之后医学科技发展十分可观，但他和他的老前辈希波克拉底的体液学说，在西方仍处于一个极高的统治地位，并以各种形式出现。从中世纪起，人们就开始使用欧洲药用水蛭来清除患者体内"多余"的血液。在水蛭的使用逐渐发展成一种疗法后，医生们开始研究如何轻松将水蛭从患者体外或体内取出。水蛭的治疗范围之广令现代人咋舌，除了被应用于头痛、发热，竟然也包括女性痛经。19世纪初，水蛭甚至供不应求，英法等国家开始进口水蛭。为了节省水蛭，医生竟然会反复循环利用它们吸血进行治疗，这也造成了很多传染病的交叉感染，比如当时盛行的梅毒[1]。

同一时期，遥远的美洲大陆上也有一位医学界的革命者——本杰明·拉什（Benjamin Rush）。他是一位兼具医术与政治才华的杰出人物，其在美国政坛崭露头角并为《独立宣言》题写签名之前，已经是一名备受尊重的医生，以

▲ 用来进行放血疗法的水蛭

[1] 梅毒是由苍白密螺旋体引起的慢性、系统性性传播疾病。

大胆的治疗方法和创新的医学理念受到广泛赞誉。他使用甘汞❶来治疗各种疾病，如精神疾病。尽管拿甘汞来治病并不是他的首创，从16世纪开始就有使用这种重金属来进行治疗（口服或者蒸浴）的记录。不过想来大家也能猜到，通过这种治疗后的患者不是更加抑郁、脱发、精神萎靡，就是直接一命呜呼，但是他却从没有承认过这种方法的弊端，甚至将出现的汞中毒❷表现当作疑病症。❸❹他甚至直接整合甘汞治疗法和放血疗法，对当时盛行的黄热病❺进行治疗。❻离谱的是，虽然他自己从黄热病的病痛中康复过来，但他所治疗的患者有差不多一半的人都死了，甚至是直接超过了黄热病本身的病死率（33%）。当时的医学院学生都愤而指责他的行为无异于是在"谋杀"患者。

除了以上这些现在看来令人目瞪口呆的"疗法"，还有种种令现代人无法理解的治疗手段，这些构成了古代西方医学的发展简史，很多并不科学的方法统治了西方医学长达千年。设身处地地想想，在当时并不理解人类身体生理变化的情况下，很多大胆的尝试也只能是不得已而为之。因此，我们在感慨和庆幸生活在现代医学发达的时代之余，也应该对过去的医学尝试持有宽容和理解的态度。

---

❶ 甘汞，化学式为 Hg_2Cl_2，又称为氯化亚汞，是一种无机化合物，主要用作防腐剂及分析试剂，也可用于制药工业。

❷ 汞中毒指长期吸入汞导致的精神异常，以齿龈炎和震颤为主要症状。

❸ 疑病症即疑病性神经症，患者相信自己患有一种或多种严重躯体疾病。

❹ RUSH B. Medical inquiries and observation upon the diseases of the mind [M]. NewYork : Springer, 1964.

❺ 黄热病是由黄热病病毒引起的疾病。

❻ RUSH B. An account of the bilious remitting yellow fever, as it appeared in the city of Philadelphia, in the year 1793 [J]. 1794.

Tips：现代医学"简史"

上述中世纪以前流行的医学思想是什么时候开始转变的呢？文艺复兴时期（16—17世纪），安德烈亚斯·维萨里（Andreas Vesalius）发表《论人体的构造七卷》，由此引领解剖学的兴起。❶帕拉塞尔苏斯（Paracelsus）提出"医生的经验比书本更重要"的理念，强调实践观察。就此西方医学思想发生了巨大的转变，人们开始逐渐拒绝"权威"科学家或者医学家的想法。

接下来（17—18世纪）各地的科学家都为此作出了贡献。威廉·哈维（William Harvey）描述了人体的循环系统❷，推动了生理学的发展。约瑟夫·李斯特（Joseph Lister）为医学引入无菌技术，改进外科手术，降低了感染率。❸18世纪末，现代医学研究开始取代古老的草药学和体液学说，爱德华·詹纳（Edward Jenner）创建牛痘疫苗，为疫苗的开发奠定基础，也开启了现代医学思想。随着1880年左右罗伯特·科赫证明细菌与疾病之间的关系，很快，弗莱明发现青霉素，正式开启抗生素时代，随后在20世纪迎来了抗生素的黄金时代。

1953年，弗朗西斯·克里克（Francis Crick）和詹姆斯·D.沃森（James Dewey Watson）揭示了DNA的结构，推动了基因工程和遗传学的发展。分子生物学和科学技术的发展推动了医学领域的巨大变革，为疾病的治疗、预防和诊断提供了丰富而多样的工具和方法。

---

❶ DEAR P. Revolutionizing the sciences：European knowledge and its ambitions，1500—1700 [M]. Princeton：Princeton University Press，2001.

❷ 循环系统是分布于动物全身各部的连续封闭管道系统，包括心血管系统和淋巴系统。

❸ PITT D，AUBIN J M. Joseph Lister：Father of Modern Surgery [J]. Can J Surg，2012，55（5）：E8-9.

21. 小细菌，大发现

时间一晃来到1850年，霍乱在伦敦和巴黎大规模流行，当时的人们还在用瘴气理论来解释这种疾病在人与人之间传播的现象。他们认为流行病是通过腐烂的有机物散发出的瘴气，也就是在当时被称为夜间空气（night air）的物质传播的。瘴气理论最早于公元前被提出，一直到中世纪其仍是欧洲部分地区的主流思想。但也是在这次的霍乱中，有人对这一理论提出质疑——约翰·斯诺（John Snow）发现霍乱可以通过水中的某种物质进行传播，这与瘴气理论的空气传播相悖，这一发现也进一步推进人们对细菌学说的认可。不同于作为主流思想的瘴气理论，细菌学说最早由吉罗拉莫·法兰卡斯特罗（Girolamo Fracastoro）于1546年提出，他认为流行病是由可转移的微小颗粒或"孢子"引起，它们可以通过直接接触、间接接触甚至长距离非接触传播导致人类感染疾病，这一想法跟目前公认的流行病的科学理论极其接近。但直至1876年，罗伯特·科赫证实炭疽杆菌是引起炭疽病的病因才彻底让人们认同这一学说。在这300多年间，有多少科学家在寻找真理的路上付出过努力呢？

所谓眼见为实，人们一般只会相信自己能看见的东西，但包括细菌在内的微生物则是一些肉眼难以看到的事物，这也是为什么人们不相信这些细小的东西可以对人类造成如此大的伤害的原因之一。1665 年，英国科学家罗伯特·胡克（Robert Hooke）出版了一本著作 *Micrographia*，在这本书中描述了一些由他自己设计的复合显微镜所观察到的事物，其中包括最早被观察到的微生物——毛霉菌（*Mucor species*）。同时他注意到植物中存在一些蜂窝状小孔，其把它们定义成细胞（cell）。❶这个发现震撼了当时的科学界，因为它揭示了自然界中还存在着细胞这种微小的生命单元。胡克改进的显微镜是现代科学史上的重要里程碑，它揭示了微观世界的奇妙之处。这个发现启示了科学家们对微生物和生命的更深入研究，同样也推动人们对细菌学说的理解。十几年之后，列文虎克对显微镜进行改造，制造出放大倍数更大的单透镜显微镜，他对池塘水、雨水、牛奶和人类的口腔样本进行观察，发现里面有很多蠕动的"虫子"，其把它们称为 animalcules（小动物的意思）。其实这些"蠕虫"就是我们现在所认知的细菌。尽管当时列文虎克并没有完全理解这些微生物的重要性，但是他的发现却是微生物学研究的重大突破。

同一时期在欧洲各地都有不同的医生在患者样本中发现这些"蠕虫"，但没有直接的证据能说明它们就是引起疾病的罪魁祸首。可是有人用逆向思维进行了间接证明，即如果杀灭细菌就可以预防疾病——这个人便是巴斯德。巴斯德出生于法国，那的葡萄酒业非常

▲ 胡克绘制的木栓细胞图

❶ GEST H. The Discovery of Microorganisms by Robert Hooke and Antoni Van Leeuwenhoek，Fellows of the Royal Society [J]. Notes Rec R Soc Lond，2004，58（2）：187-201.

出名，人们发现久置的葡萄酒会变酸，但却不知该如何预防这种现象的发生。巴斯德通过研究酿酒的过程，发现葡萄酒的发酵过程❶是由微生物所引起的。他通过发明特制的玻璃容器，将空气隔离，发现烧瓶内的葡萄酒只有在移除弯曲管道，与外界相通时才会进行发酵，这一发现间接证明人们只有在接触到微生物时才会被感染。对此，他也提出了一些避免微生物感染人类的手段，如用硼酸❷对女性生殖道进行消毒来杀死引起产后感染的微生物。同时，他也开始尝试培养这些细菌。他收集了一些禽霍乱［由多杀性巴氏杆菌（*Pasteurella multocida*）引起的一种人畜共患病］的病料，不断培养这些细菌并接种到健康鸡体内。经过一年的连续培养，他发现这些培养物已经不能像最开始那样能对鸡造成致命的打击，这些被削弱了致病性的细菌让鸡对这种疾病产生了免疫力，这也是现在人们熟悉的"减毒疫苗"。❸ 1870年，他把这种免疫方法应用在导致牛大规模死亡的炭疽病（炭疽杆菌引起的人畜共患病）中，与多杀性巴氏杆菌不同的是，炭疽杆菌会形成孢子，人们不太容易削弱其"毒性"，因此他使用重铬酸钾❹灭活炭疽孢子来获得炭疽疫苗。❺

与此同时，一位德国的医生罗伯特·科赫也发现炭疽杆菌形成孢子后，可以让细菌在某种特定情况下进入休眠状态。科赫将眼见为实这一理念发挥到极致，他不仅对显微镜进行改造来观察更小的物质，还使用一些

---

❶ 发酵过程是人们借助微生物的生命活动进行代谢，获取代谢产物的过程。

❷ 硼酸是一种无机化合物，化学式为 H_3BO_3，可用作消毒剂。

❸ SMITH K A. Louis Pasteur，the Aather of Immunology? [J]. Front Immunol，2012，3：68.

❹ 重铬酸钾是一种无机化合物，化学式为 $K_2Cr_2O_7$，可用作消毒剂。

❺ PASTEUR L，CHAMBERLAND，ROUX. Summary Report of the Experiments Conducted at Pouilly-le-Fort，Near Melun，on the Anthrax Vaccination，1881 [J]. Yale J Biol Med，2002，75（1）：59-62.

染料，并利用摄像技术拍下了一张炭疽杆菌的照片，这也是人类历史上第一个观察到细菌的直接证据。❶更重要的是，科赫后续通过一系列试验证明特定的微生物是引起一种特定疾病的原因，这一发现将细菌学说推向了一个前所未有的高度。❷19世纪80年代，科赫在卫生局担任政府顾问期间，对当时流行甚广的结核病产生了浓厚的兴趣，这个当时被人们认为是遗传性疾病的重疾是无药可治的。科赫认为从结核结节中分离到的结核分枝杆菌是引起结核病的真正原因。❸但当时的人们对这个结果保持怀疑，并认为科赫分离到这种细菌只是恰巧出现在病灶❹中，并不能证明它是导致结核病的直接原因。❺科赫随后利用一系列实验进一步证明了他的猜想，并由此提出了目前微生物学家熟知的、用以鉴定传染病病原的定律——科赫法则❻：

（1）患者患病部位可找到大量的病原体，但健康个体中不存在。

（2）该病原体必须从患者体内被分离出来并能在体外进行培养。

（3）培养出来的病原体接种到健康易感的个体中必须引起相同的疾病。

---

❶ KOCH R. Verfahren Zur untersuchung，Zum konservieren Und photographieren der bakterien [M]. Berlin：Robert Koch-Institut. 2010.

❷ WALKER L，LEVINE H，JUCKER M. Koch's Postulates and Infectious Proteins [J]. Acta Neuropathol，2006，112（1）：1-4.

❸ KOCH R. Die Ätiologie der Tuberkulose（1882）[M]. Berlin：Springer Berlin Heidelberg，2018：113-131.

❹ 病灶：机体上发生病变的部分。

❺ KAUFMANN S H，SCHAIBLE U E. 100th Anniversary of Robert Koch's Nobel Prize for the Discovery of the Tubercle Bacillus [J]. Trends Microbiol，2005，13（10）：469-475.

❻ TABRAH F L. Koch's Postulates，Carnivorous Cows，and Tuberculosis Today [J]. Hawaii Med J，2011，70（7）：144-148.

（4）从上述接种的试验感染个体中需要分离出相同的病原体〔该条是美国植物病理学家欧文·弗林克·史密斯（Erwin Frink Smith）于1905年额外添加〕❶。

▲ 炭疽杆菌示意图

科赫法则为微生物学和医学研究带来了重大的突破。但就连科赫本人在后来的研究中也发现这些定律并不是普遍适用于所有传染病。例如，他在1883年调查霍乱疫情时，虽然在病料中分离到了一种像逗号的细菌，但用纯细菌培养物对动物进行实验时并不能引起相同的症状。然而人们后来还是确定霍乱弧菌是霍乱疫情的病因，科赫这次"失败"的试验是由于无症状携带者❷所导致的。❸虽然从今天的科学技术看来，科赫法则似乎"漏洞百出"，但它仍然能适用于大部分细菌感染疾病的鉴定。更重要的是，科赫法则为现代医学的发展奠定了基础，推动了疾病防控的进步。通过不断研究和应用科赫法则，我们能够更好地理解和应对微生物所带来的挑战，为人类的健康和福祉作出贡献。

---

❶ HADLEY C. The Infection Connection. Helicobacter Pylori is More than Just the Cause of Gastric Ulcers—it Offers an Unprecedented Opportunity to Study Changes in Human Microecology and the Nature of Chronic Disease [J]. EMBO Rep，2006，7（5）：470-473.

❷ 无症状携带者是体内能够排出病原体但不表现临床症状的病原体携带者。

❸ HOWARD-JONES N. Robert Koch and the Cholera Vibrio：A Centenary [J]. Br Med J（Clin Res Ed），1984，288（6414）：379-381.

Tips：什么是流行病学？

流行病学是研究疾病在人群中分布及其影响因素的科学。它的起源可追溯到古代，当时人们就已注意到环境对健康的影响。17世纪，约翰·格朗特（John Graunt）的《对死亡率表的自然与政治观察》为流行病学研究奠定了基础。19世纪，约翰·斯诺通过调查霍乱的传播，展示了流行病学调查的力量。随着时间的推移，流行病学不仅关注传染病，也扩展到了慢性病的研究。20世纪，随着统计学方法和计算工具的发展，流行病学研究方法得到了极大的改进。进入21世纪后，流行病学的发展特别注重利用新技术、新方法来应对全球健康挑战。

在21世纪，流行病学体现出几个显著的发展趋势：

（1）数字化和大数据应用：大量采用电子健康记录、社交媒体数据、手机数据等新型数据源。

（2）运用遗传和分子流行病学：人类基因组计划的完成为疾病的遗传研究提供了新工具，流行病学家开始更多地关注基因与环境因素相互作用对疾病的影响。

（3）关注全球健康和新兴传染病：COVID-19疫情等新兴传染病的暴发促使流行病学家加强国际合作，以及利用新技术进行疾病预测和预防。

（4）公共健康政策实施与干预：流行病学的研究结果越来越多地被用于指导公共健康政策的制定和实施。

（5）跨学科合作：统计学、生物信息学和社会科学等学科应用于流行病学研究中。

总体而言，现代的流行病学不仅关注传统的传染病和慢性病问题，还积极应对全球健康挑战，利用新技术提高研究质量，并促进健康政策的制定和实施，以提高全球人口的健康状况。

细菌的终结者

——抗生素的诞生

22. 魔力的子弹

　　1822年，微生物学之父——路易斯·巴斯德降生于法国酿酒小镇的一个制革工人家庭。制革和酿酒，这两种工艺都依赖微生物和动植物之间的化学作用，为巴斯德建立微生物学埋下了伏笔。长大后的巴斯德开始研究发酵——一种化腐朽为神奇的生物现象。巴斯德利用曲颈瓶❶等工具进行了一系列试验，证明发酵并非自发产生，而是由活的微生物引起。到了1860年，巴斯德已经证明，微生物既可以导致食物腐败和变质，也可以把牛奶变成酸奶，把葡萄汁酿成美酒。而显微镜的发明进一步让人们看清这些科学现象的"幕后推手"——微生物的"真面目"。

　　虽然当时的显微镜技术越来越先进，可是区分不同的组织细胞仍是一件不容易的事情。如果不借助某种方法将细胞进行对比，即使能将细胞放大几百倍，区分不同类型的细胞仍然相当困难。到了19世纪，德国染料工艺的快速发展为科学家们带来了品种多样的染料，为解决这个问题提供了可能性。著名细胞生物学家和组织学家卡尔·魏格特（Karl Weigert）研制出苯胺（如品红和亚甲紫），这种染料可以给细菌染上颜色。他的表弟德国科学家保

---

❶ 曲颈瓶，一种具有细长而弯曲的颈的玻瓶，现又称为巴斯德烧瓶。

罗·埃尔利希（Paul Ehrlich）追随他的脚步，在博士期间研究了组织学染色的相关课题。埃尔利希痴迷于摆弄各种染料，他对染料的执着甚至让其无暇学习其他技能。通过大量的染色试验，埃尔利希发现有些染料能对特定细胞的某一部分进行染色（如植物细胞的细胞壁和叶绿体），但却无法对其他细胞进行染色（如动物细胞）。也就是说，每种染料似乎都有其特定的生物目标。这时，埃尔利希灵光乍现：如果一种染料能特异性地识别并杀死某类病原体，那么便能在不伤害宿主的情况下治疗某些病原体感染导致的疾病。埃尔利希将这种专门针对病原体的染料称为"有魔力的子弹"。

在漫漫研究路上，埃尔利希进行了各种尝试。直到1891年，他发现了一种称为亚甲蓝的染料。亚甲蓝能对引起疟疾的病原体寄生虫染色并产生毒性，却不会对人体组织进行染色。虽然这种"有魔力的子弹"治疗疟疾的效果不如当时已有的奎宁（即金鸡钠碱，用于治疗和预防疟疾的药物），但它的发现说明"有魔力的子弹"在实践中是可行的。1903年，埃尔利希的团队发现了新的"有魔力的子弹"——锥虫红，它可染色并杀灭老鼠体内的马锥虫❶。然而，马锥虫很快就对锥虫红产生了耐药性。一次次的失败并没有使埃尔利希灰心，同时他意识到找到一种天然"有魔力的子弹"的机会很渺茫，或许可以对现有的"有魔力的子弹"进行改造：利用现有的、可以特异性对某些病原体染色的染料，把能杀灭病原体的毒素加载到染料上，就能精准打击病原体且不伤害宿主。

很快，埃尔利希发现了一种构成简单、化学活

▲ 埃尔利希的肖像

---

❶　马锥虫，一种单形性寄生虫，长 18~34 微米，宽 1~2 微米。

性强、有极大改造潜力的化合物——氨基苯胂酸钠（阿托西耳，atoxyl）。它是法国科学家皮埃尔·雅克·安托万·贝尚（Pierre Jacques Antoine Béchamp）在1863年合成的一种治疗锥虫病的砷基化合物。1907年开始，埃尔利希专注于研究砷酸结构，希望在提升阿托西耳对病原体的杀伤力的同时降低对宿主的影响。终于，埃尔利希迎来了胜利的曙光，606号化合物——胂凡纳明（arsphenamine），真正的"有魔力的子弹"诞生了。[1] 606号化合物并非他们研发的第606种化合物，而是第6种砷酸结构化合物的第6种变异体。研究过程中，埃尔利希实验室的工作人员偶然发现胂凡纳明不仅能治疗锥虫病，还能治疗梅毒。梅毒是自1495年以来欧洲最臭名昭著、令人恐惧的疾病，感染之后的症状从典型的生殖器疱疹、肿痛，到神经系统受到破坏，最终还可能导致死亡。随后于1910年，胂凡纳明正式上市，商标名是洒尔佛散（salvarsan）。洒尔佛散虽然能治疗折磨欧洲人几百年的梅毒，但也有很多缺陷，如安全剂量范围小（用量太多，可能导致患者死亡；用量太少，没有疗效），且只能治疗梅毒这一种疾病等。但洒尔佛散的问世，燃起了科学家们寻找新的"有魔力的子弹"的信心。

功夫不负有心人。曾研发出阿司匹林的拜耳公司[2]筛选出一种能杀死小鼠体内链球菌的红色染料。更令人惊喜的是，尽管它将人的皮肤染成了红色，但其也可以杀死人类体内的链球菌。拜耳公司将其命名为百浪多息（prontosil），它可以治疗由链球菌引起的多种疾病，包括血液感染、皮肤感染和产褥热，是世界上第一种用于治疗多种疾病的抗菌药物。虽然百浪多息

---

[1] ROS-VIVANCOS C，GONZÁLEZ-HERNÁNDEZ M，NAVARRO-GRACIA J F，et al. Evolution of Treatment of Syphilis Through History [J]. Rev Esp Quimioter，2018，31（6）：485-492.

[2] 拜耳公司：一家曾经生产海洛因、阿司匹林等神药的医药公司。

的疗效人们有目共睹，但奇怪的是，其一旦离开活体就失去抗菌的作用。这是为什么呢？百浪多息应用后不久，巴斯德研究所的研究人员揭开了这个谜团。原来，百浪多息本身并不能杀死细菌，只有被动物或人体内的新陈代谢分解后，才能产生真正有效的杀菌药物——磺胺分子。❶

此后，科学家们对其结构进行多方面改造，合成了上千种磺胺类化合物。至今，临床常用的磺胺类药物仍有数十种。后来科学家们也发现了磺胺类药物的抗菌机理：它通过干扰细菌的叶酸代谢抑制细菌生长繁殖，由于叶酸是细菌独有的合成核酸的原料，因此磺胺类药物并不影响人细胞的核酸合成。❷

▲ 磺胺类药物的改造

❶ VAN MIERT A S. The Sulfonamide-diaminopyrimidine Story [J]. J Vet Pharmacol Ther，1994，17（4）：309-316.

❷ SKÖLD O. Sulfonamide Resistance：Mechanisms and Trends [J]. Drug Resist Updat，2000，3（3）：155-160.

Tips：百浪多息的"辅助武器"——抗菌增效剂

在与细菌进行战斗时，百浪多息可不是孤军奋战。科学家们为百浪多息等磺胺类药物"锻造"了"辅助武器"——抗菌增效剂（antibacterial synergist）。抗菌增效剂与抗菌药物共同战斗，以其特定的机制增强抗菌药物的战斗能力。常见的磺胺类抗菌增效剂有甲氧苄啶和二甲氧苄啶。甲氧苄啶的秘诀是抑制细菌二氢叶酸还原酶，使二氢叶酸不能还原成四氢叶酸，阻止细菌核酸的合成。由于磺胺类药物通过抑制二氢叶酸合成酶的活性发挥相似的抗菌活性，甲氧苄啶与磺胺药合用后，可使细菌的叶酸代谢遭到双重阻断，增强磺胺药的抗菌活性，甚至使磺胺药从抑菌作用变为杀菌作用。

虽然这对最佳拍档的组合能大大增强抗菌能力，但也存在副作用：大量用药或长期用药会产生一些结晶，从而对泌尿系统造成损害。

23. 青霉素的逆袭

"20世纪三大神药"之一——青霉素，可谓是家喻户晓。青霉素的发现被视为医学史上的一次革命，它将人们从饱受传染病折磨的水深火热中解救出来。但是，这样一种"神药"并非一经发现就在世界大舞台上闪亮登场，万众瞩目。青霉素到底如何实现逆袭之路呢?

1928年的一个秋天，外出度假的亚历山大·弗莱明（Alexander Fleming）还不知道，"意外的惊喜"即将悄然而至，几个不起眼的葡萄球菌培养皿正酝酿着一个"大秘密"。1个月后，度假归来的弗莱明发现其中一个培养皿上不止长有本来培养的葡萄球菌，还长着一些白色的真菌。令他吃惊的是，在真菌周围的葡萄球菌竟全部消失了。他猜测真菌可能产生了一种对葡萄球菌有毒的物质，这种物质有可能成为一种新的特效药。弗莱明立刻着手培养这种真菌——特异青霉菌（*Penicillium notatum*），并将其产生的神秘物质命名为青霉素（penicillin）。❶ 在接下来的一系列试验中，弗莱明发明了一种方法来提取霉菌的培养液体，并用来测试青霉素对其他病原菌的杀菌效果。他发现青霉素只能抑制一部分细菌的生长，随后于1929年在《英国实验病理学杂志》

---

❶ TAN S Y，TATSUMURA Y. Alexander Fleming（1881—1955）: Discoverer of Penicillin [J]. Singapore Med J，2015，56（7）: 366-367.

（*British Journal of Experimental Pathology*）上发表了一篇论文，阐述了青霉素的杀菌效果，在科学界投入了掀起波澜的一颗小石子。❶

▲ 抑制细菌生长的青霉菌

然而，实验室产物与商业化产品中间仍隔着万千丘壑。虽然青霉素可以杀死葡萄球菌、链球菌及其他大量细菌，但要进行商业化生产还存在很多困难。❷一是产量的问题，青霉菌是人们肉眼无法看到的真菌，要得到更多的青霉素就必须培育更多的青霉菌。但当时大规模培育真菌的方法并不成熟，其产量连一个小镇的需求都无法满足。二是青霉素的活性极其不稳定，在将青霉素培养液蒸发、浓缩成药浆之后的几天之内，有时候甚至是几小时之内，它就失去了效用，甚至有研究人员纯化青霉素时在一些细菌中发现一些可以降解青霉素的酶。❸由于青霉素的制造过程过于烦琐且纯度低，从1929年到1940年，青霉素仍只是一个实验室产物，与同年代的"明星药物"撒尔佛散和百浪多息相比，显得微不足道。

转折点在1937年，青霉素得到了两位新伯乐的"赏识"。英国牛津大学物理学家霍华德·沃尔特·弗洛里（Howard Walter Florey）和生物化学家厄恩斯特·鲍里斯·钱恩（Ernst Boris Chain）一直在潜心研究微生物制造的抗菌物质，包括几十种细菌和真菌，青霉菌是他们尤为关注的对象。在他们的

---

❶ FLEMING A. On the Antibacterial Action of Cultures of a Penicillium，with Special Reference to Their use in the Isolation of B. Influenzae 1929 [J]. Bull World Health Organ，2001，79（8）：780-790.

❷ 同❶.

❸ ABRAHAM E P，CHAIN E. An enzyme from bacteria able to destroy penicillin [J]. Nature，1940，146（3713）：837-837.

不懈努力下，这位"出道"10年的"老腊肉"——青霉素，即将迎来它的高光时刻。首先青霉素抗菌物质产量的提高是最为迫切需要解决的问题，但在第二次世界大战的时代背景下，他们缺少足够的资金购置实验设备。幸运的是，他们的科研团队中有一位才华横溢的斜杠青年——诺曼·希特利（Norman Heatley）。希特利不仅是一名生化博士，还是一个机械天才，擅长操作并设计组装各种实验设备，能巧妙地利用废弃的实验设备或家用器具来完成工作。希特利仔细观察青霉菌的生长过程和霉菌汁的产生过程后进行了大量尝试，确定了培养青霉菌的最佳方案，提高了霉菌汁的产量。此外，希特利还改进了青霉素的纯化方法，此法通过加酸加碱来改变青霉素溶液的酸碱度，再进行多次萃取❶后，将青霉素的纯度提高了200倍。改进后的纯化方法同样提升了青霉素的稳定性，溶解在碱液中的青霉素可以在室温下保存至少11天。❷

希特利提供的纯化样品为接下来的试验提供了基础。弗洛里和钱恩将青霉素样品注射到小鼠体内，果然收获了更快更强的药效。随着更多试验的进行，他们发现青霉素并不是传统观点认为的可以杀死细菌的蛋白质。更让人惊喜的结果是，青霉素在杀死细菌的同时，并不会对实验小鼠产生毒性，不会损害小鼠健康。实验人员还能从存活的小鼠尿液中提取到青霉素，棕色的萃取液几乎和注射时的一样，且杀菌威力不减。1940年，他们在《柳叶刀》上发表了一篇即将改变整个世界的论文——《作为一种化学治疗药物的青霉素》。该文章表明，青霉素的抗菌活性极强，在生物体内至少可以抗击3种体

---

❶ 萃取是利用组分在溶剂中有不同溶解度以分离混合物的操作。

❷ FLOREY H W，ABRAHAM E P. The Work on Penicillin at Oxford [J]. J Hist Med Allied Sci，1951，6（3）：302-317.

外微生物。❶看到这篇论文后，59 岁的弗莱明立刻去参观了弗洛里的实验室，他想去看看弗洛里等用"我的旧青霉素"做了什么。

1941 年，弗洛里和钱恩尝试用青霉素治疗了第一位患者——阿尔伯特·亚历山大（Albert Alexander）。他的脸被玫瑰花刺划破了，细菌从伤口入侵他的身体。当时十分受欢迎的百浪多息对他的感染并不管用，他的病情愈发严重，浑身流脓，濒临死亡。医生尝试用静脉注射青霉素液后，他竟奇迹般地好转了。然而，由于当时青霉素的产量仍旧过少，终究不足以挽救他的性命。这次事件让他们意识到青霉素目前的产量还不足以救活一个成年人，但孩子所需的剂量小，他们决定在孩子身上测试青霉素，很快就证明了只要药量足够多，青霉素就能治疗细菌感染。但要想生产更多的青霉素，挽救更多生命，仅靠实验室进行生产显然是不行的。然而，此时第二次世界大战的战火正席卷欧洲大陆，整个英国无力投资产业化生产青霉素这项伟大的事业，只有一个国家可以考虑，那就是美国。

随后的几年里，美国农业部北方实验室的玛丽·亨特（Mary Hunt）实验员"刮中了青霉菌彩票"，她在菜市场一个发霉的哈密瓜上找到了当时产率最高的青霉菌菌株。希特利来到美国，与微生物学家安德鲁·莫耶（Andrew Moyer）合作，找到了最佳的培养基配方——过剩农作物玉米浆加上糖，将青霉素的产率提高了 1000 倍！发酵部门的负责人罗伯特·科格希尔（Robert Coghill）提议参照酿造啤酒的深度发酵法❷，将青霉菌从二维平面转至三维空间培养。1941 年秋季，一个科研团队研制出一个类似搅拌洗衣机的旋转桶，

---

❶ CHAIN E，FLOREY H W，GARDNER A D，et al. The Classic：Penicillin as a Chemotherapeutic Agent 1940 [J]. Clin Orthop Relat Res，2005，439：23-26.

❷ 深度发酵法：一种用于生产微生物发酵产品的方法。该方法涉及将发酵物料置于高容量和高气体密闭度的发酵容器中，以促进微生物的生长和产酶活性的提高。

同时配有一个注射器，将无菌空气源源不断地注入培养基中。这为深度发酵法提供了严格的无菌条件。这样的旋转桶将成为未来5年工业制造青霉素的主要装置。自此，青霉素的工业化生产终于走上了正轨，神奇霉菌终能拯救苍生。❶

青霉素的出现和大量生产经历了多名科学家的不懈努力，挽救了第二次世界大战期间无数人的生命，轰动世界。为了表彰这一伟大贡献，弗莱明、钱恩和弗洛里于1945年被授予诺贝尔生理学或医学奖。

Tips: 医生给我们戳出来的小包是什么？

大家都有去医院输液的经历吧。在一些药物进行输液前，医生会给部分患者做皮试（皮肤敏感试验），在患者皮肤上扎出一个小包，然后观察几分钟。为什么要做皮试呢？反正要输液打针何必多此一举呢？原来，皮试是为了检测身体是否对药物过敏，从而帮助患者筛选出最适合的药物。

在常见的引起过敏反应的各类药物中，青霉素类抗生素居首位，过敏反应的发生率最高可达5%~10%。不要小看过敏反应，虽然过敏反应一般表现为皮肤反应，如皮疹、水肿，但严重时会引起过敏性休克，抢救不及时可能造成死亡。因此，使用青霉素必须先做皮内试验，检验患者是否对青霉素过敏，避免造成严重后果。

---

❶ RICHARDS A N. Production of Penicillin in the United States（1941—1946）[J]. Nature，1964，201（491）：441-445.

24. 土地之神的馈赠

在前文中提过，土壤是各种微生物的重要栖息地之一，提供了其生存、繁殖和活动所需的物理和化学环境条件。微生物可分解有机物质，利用其中的养分和能量进行生长和繁殖。细菌、真菌、原生生物和病毒等各种微生物在土壤中相互交织，构成了一个庞大而多样的生态系统。它们在这个微小的世界里互相依存、合作和竞争，共同维护着土壤的生态平衡。早在20世纪初，人们就在土壤中发现了一些菌群可以产生与青霉素相似的。能抑制其他细菌生长的物质，如短杆菌肽和短杆菌素。[1]但遗憾的是，它们不仅能够杀死细菌，同时也会对宿主产生一定的危害。在这些研究土壤微生物的科学家中，有一个冉冉升起的新星——塞尔曼·亚伯拉罕·瓦克斯曼（Selman Abraham Waksman），他于1888年出生在乌克兰。在求学时期，瓦克斯曼在当地的犹太教学堂接受了基础教育，随后于1910年移民至美国。瓦克斯曼自学生时代起便开始研究土壤细菌学，之后他的实验室致力于从各种细菌中筛选分离各种杀菌成分。1939年，在得到药业巨头默克公司[2]的资助后，瓦克斯曼领导其学生系统地研究如何从土壤微生物中分离出对抗细菌的物质，他

---

[1] VAN EPPS H L. René Dubos：Unearthing Antibiotics [J]. J Exp Med，2006，203（2）：259.

[2] 默克公司：一家全球知名的跨国药品和化学公司。

后来将这类物质命名为现代人耳熟能详的名字——抗生素（antibiotic）。[1]皇天不负有心人，1940年，瓦克斯曼和同事伍德拉夫（Woodruff）分离出了第一种抗生素——放线菌素[2]，但随后的研究结果发现其对人体具有很强的毒性：放线菌素在杀死多种病原体的同时也会对人体产生很大的毒性，甚至引起死亡，这种结果也预示着这种物质的利用价值不大。瓦克斯曼和他的团队并没有因此丧失信心，之后于1942年该团队又发现了一种新的抗生素——链丝菌素。[3]链丝菌素对包括结核杆分枝菌在内的许多种细菌都有很强的抗菌作用，但同样也有很强的副作用。虽然链丝菌素不会在短时间内引起死亡，但长时间使用会导致肾衰竭。然而这次的尝试也不是徒劳无功：在研究链丝菌素的过程中，瓦克斯曼及其同事研发出了一系列测试方法，对以后发现链霉素起着非常大的作用。[4]

　　1943年，瓦克斯曼团队在经历了两次失败后终于有了新发现：一只鸡的喉咙里卡着一个土块，土块上沾着霉菌，这种霉菌经过培养之后生出了绿灰色的放线菌类，被称为灰色链霉菌。[5]它不但能杀死葡萄球菌，而且对革兰阴性菌也有很强的杀伤力，要知道在这之前青霉素对革兰阴性菌的抗菌作用

[1] BENTLEY R，BENNETT J W. What is an Antibiotic? Revisited [J]. Adv Appl Microbiol，2003，52：303-331.

[2] SAKULA A. Selman Waksman（1888—1973），Discoverer of Streptomycin：A Centenary Review [J]. Br J Dis Chest，1988，82（1）：23-31.

[3] WAKSMAN S A，SCHATZ A. Strain specificity and production of antibiotic substances：VI. strain variation and production of streptothricin by Actinomyces lavendulae [J]. Proc Natl Acad Sci U S A，1945，31（7）：208-214.

[4] 同[3].

[5] WEBSTER C M，SHEPHERD M. A Mini-review：Environmental and Metabolic Factors Affecting Aminoglycoside Efficacy [J]. World J Microbiol Biotechnol，2022，39（1）：7.

是微乎其微的，结核分枝杆菌引起的肺结核仍是无药可救。在一系列体外试验结果证明链霉素对结核分枝杆菌具有很强的杀菌作用后，瓦克斯曼团队马不停蹄地开展动物实验。实验结果让人感到震惊，豚鼠的活体试验中链霉素治愈了肺结核！❶在默克公司的帮助下，对链霉素进行了前所未有的大规模的临床试验，几千名肺结核患者都加入试验中来。令人振奋的是，虽然链霉素有一些副

▲ 瓦克斯曼

作用，但确实可以治愈肺结核患者。链霉素显示出了神奇的疗效，将无数患者从死神手中解救出来。到了1950年，链霉素对其他疾病的作用也得到了证实，包括脑膜炎、心内膜炎、肺炎和尿道感染等炎症，这种"神药"主要通过与细菌核糖体30S亚单位结合，抑制细菌蛋白质的合成，从而使细菌不能进行各种生命活动而死亡。❷

抗肺结核药物——链霉素的出现改变了很多人的命运，也拯救了很多深受肺结核折磨的患者。同时，瓦克斯曼和他的团队也因为链霉素的发现获得很多成就。1949年，美国《时代》周刊将瓦克斯曼描述为一名谦恭的科学家典范。同年，瓦克斯曼成为《时代》周刊的封面人物，还被尊称为"后院的救星"。链霉素是继青霉素后第二个生产并用于临床的抗生素，瓦克斯曼也于1952年因该成就获得诺贝尔生理学或医学奖。

---

❶ 吴启秋. 脊柱结核的化学治疗 [J]. 中国脊柱脊髓杂志，2004（12）：58-60.

❷ WILLICK G E. Mechanism of Action of Streptomycin：Studies with Polynucleotide Phosphorylase and Ribosomes [D]. Columbia：University of British Columbia，1962.

　　链霉素的发现开辟了医学研究的全新局面，促使全球科学家们纷纷转向微生物领域，以寻找其他的抗生素和药物。这次发现如同火炬，点燃了人们对微生物的兴趣和探索热情，催生了一系列令人兴奋的研究项目。这一研究领域的扩张带来了医学研究的新篇章，也为人类健康保驾护航提供了更多的希望和可能性。

Tips：抗菌药物和抗生素傻傻分不清楚？

世界上没有完全相同的两片树叶，这充分彰显了自然的多样性。同样的，尽管抗菌药物和抗生素都作为抗细菌感染的药物被广泛地应用到临床中，却鲜少有人能够明确区分两者的微妙差异。在日常生活中，人们对"抗生素"这个名词都很熟悉，基本都知道它有抗菌作用。但是，目前大多数人还不能准确分清什么是"抗生素"，多数人把抗生素和"抗菌药物"混为一谈。事实上，抗菌药物和抗生素在定义和临床应用两方面有很大的区别。

根据第19版《新编药物学》中的定义，抗生素是指由微生物（包括细菌、真菌、放线菌属）或高等动植物在生活过程中所产生的具有抗病原体或其他活性的一类次级代谢产物，是一种能干扰其他细胞发育功能的化学物质。而抗菌药物是指对细菌、真菌、结核分枝杆菌、非结核分枝杆菌、支原体、衣原体、螺旋体、立克次体及部分原虫有抑制或杀灭作用的一类药物。从临床应用上来看，抗生素除了用作抗细菌感染治疗外，尚可用于抗真菌、抗肿瘤及免疫抑制等方面。而抗菌药物主要用于抗细菌及真菌的感染治疗。❶

通过对这些定义的基本了解，相信你已经能够区分两者。

---

❶ 傅宏义，叶树林.抗生素和抗菌药物 [J]. 中国全科医学，2005（5）：416.

25. 万能的土壤 – 抗生素的黄金时代

正如我们已经了解到的，土壤微生物的微小世界构成了一个复杂而精致的生态系统，接下来我们将进一步深入探索土壤中隐藏的宝藏——抗生素。自从青霉素被发现后，人们对于寻找新型抗生素的热情在20世纪90年代达到了巅峰。在这个黄金时代，前文提过的微生物学家瓦克斯曼通过系统地测试土壤中的微生物，发现用于治疗结核病的首个抗生素——链霉素。这一发现不仅挽救了成千上万人的生命，也打开了抗生素研究的新篇章：瓦克斯曼发现抗生素的方法被制药行业广泛采用，也是接下来的20年中挖掘其他类别抗生素的主要方法。

瓦克斯曼及其团队基于抗生素的挖掘所作出的多项研究成果让他成为受世人敬佩和追捧的土壤科学家。除此之外，这些研究的成功也激励了那个时期的其他研究人员，他们纷纷效仿瓦克斯曼团队的研究方法，期望在土壤中找到新的抗生素。在这个时期，本杰明·米格·达格尔（Benjamin Minge Duggar）在第二次世界大战期间成功地收集到不同地区的土壤样品并进行相关的研究。最终，经过不懈的努力，他发现金色链霉菌（*Streptomyces aureofaciens*）能产生出一种神奇的化学物质，它可以有效对抗革兰阳性菌和革兰阴性菌，能够对多种菌种产生抑制作用，其中包括常见疾病（如尿路感染）的病原体和非常见疾病（黑死病）的病原体鼠疫耶尔森菌，该种化学物质最终被命名为金霉素。❶ 1948年，随着金霉素的一系列动物实验取得高度成功，研究人员也进行了相关的人体试验，紧接着在1949年，金霉素的研究被授予了相关的专利号，立达公司将金霉素宣传为"迄今为止发现的用途最广泛的抗生素，相比于任何已知的药物，具有更广泛的杀菌效力"。

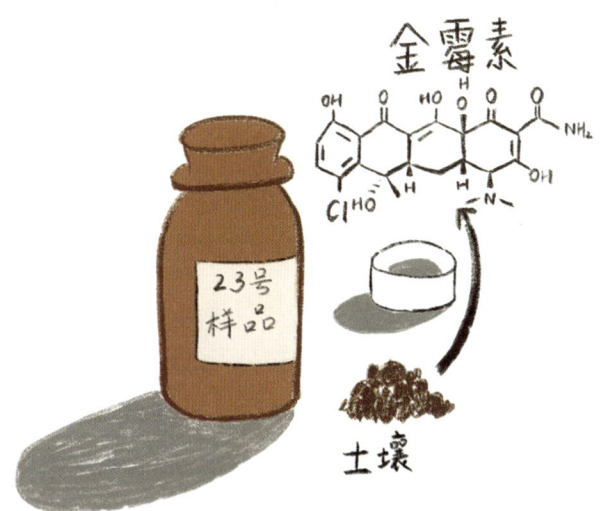

▲ 土壤样本中发掘的抗生素

同时期，除了金霉素的问世外，其他研究人员也在寻找别的药物。1947年，大卫·戈特利布（David Gottlieb）从南美洲国家委内瑞拉的土壤内发现一株委内瑞拉链霉菌（*Streptomyces venezuelae*），并成功分离提取得到氯霉

❶ KUROCHKINA V B，SKLIARENKO A V. Enzymatic Synthesis of Beta-lactam Antibiotics. Analytical Review [J]. Antibiot Khimioter，2005，50（5-6）：39-58.

素。[1]戈特利布是美国植物病理学家，于1946—1982年在伊利诺伊大学香槟分校任职植物病理学教授，他因为氯霉素的发现而名声大噪，但同时他也是一位在真菌生理学及植物抗生素研究的先驱者。此后针对氯霉素的使用，他开始进行治疗斑疹伤寒（斑疹伤寒立克次体所引起）的临床试验，研究结果也是相当喜人的，50名未使用该药的患者中有14人死亡，而22名服用该药的患者则全部痊愈。[2]但后来于1950年，由于人们发现氯霉素会产生副作用如贫血、白血病等而减小了其应用范围。[3]无独有偶，土霉素也是从土壤中被分离出来的。1949年，在尝试了上万种土壤样本后，辉瑞公司[4]的科学家们终于在美国中西部的土壤中发现了一种物质，能有效对抗多种致命细菌，这就是土霉素。[5]相比青霉素，土霉素的抗菌谱更广，当时的证据证明土霉素可对100种疾病有效。辉瑞公司即刻作出了一个重要决定："我们自己来销售土霉素，如果需要，那我们就进入制药行业。"此后，辉瑞公司也依靠土霉素正式进军制药行业，土霉素成为辉瑞公司的第一个品牌药，两年间其销售额就达到4500万美元。在随后的十几年里，土霉素为辉瑞公司带来约5亿

[1] MUNRO M H G，TANIGUCHI M，RINEHART K L，et al. A CMR Study of the Biosynthesis of Chloramphenicol [J]. Tetrahedron Letters，1975，16（31）：2659-2662.

[2] 彭雷. 极简新药发现史 [M]. 北京：清华大学出版社，2018.

[3] KANG，KI Y，CHUL HEE C，JAE YOUNG O，et al. Chloramphenicol arrests transition of cell cycle and induces apoptotic cell death in myelogenous leukemia cells [J]. J Microbiol Biotechnol, 2005, 15(5): 913-918.

[4] 辉瑞公司：创建于1849年，总部位于美国纽约，是一家以科学为基础的、创新的、以患者为先的生物制药公司。

[5] JANZEN W P. High Throughput Screening：Methods and Protocols [M]. New York：Springer Science & Business Media，2008.

美元的销售收入。与此同时，1949年礼来公司❶收到了一位前员工从菲律宾群岛寄来的一些土壤样品，公司的研究团队从样品中发现并分离了红霉素。❷礼来公司就此申报了专利，并于1953年取得授权。红霉素可以透过细菌细胞膜，与细菌核糖体的50S亚基可逆性结合，抑制细菌蛋白质合成。红霉素的抗菌谱与青霉素相似，但它对非典型微生物如支原体和军团菌也有效。需要特别指出的是，红霉素对于不能耐受青霉素的患者也适用，为青霉素过敏患者带来更多选择。

　　链霉素发现的经验启发人类从土壤微生物中寻找其他的抗生素，人们此后开始了大规模筛选抗生素的试验，相继发现了上述金霉素、氯霉素、土霉素和红霉素等。这些抗生素的出现治愈了当时深受细菌感染困扰的患者，明显改善了感染性疾病患者的预后（根据经验预测的疾病发展情况）。这一时期也可被称为是抗生素的黄金时代，也正是从这一时期开始，科研工作者对抗生素的研究和发现进入了系统化的阶段。基于这些基础抗菌药，制药工业也在这一时期得到了快速的发展。

---

❶ 礼来公司：一家全球性的以研发为基础的医药公司，总部位于美国印第安纳州印第安纳波利斯市，致力于为全人类提供以药物为基础的创新医疗保健方案，使人们生活过得更长久、更健康、更有活力。

❷ WATKINS V S，POLK R E，STOTKA J L. Drug Interactions of Macrolides：Emphasis on Dirithromycin [J]. Ann Pharmacother，1997，31（3）：349-356.

Tips：处于黄金时代中抗生素的抗菌机理

抗生素为人们带来了治疗感染性疾病的新希望。它们为我们提供了与细菌战斗的力量，保护了我们的健康和生命。那么黄金时代中发现的这些抗生素又是怎样发挥自己的抗菌作用呢？

金霉素和土霉素同属于四环素类抗生素，它们的作用机制相似，都是通过抑制细菌蛋白质合成从而起到杀菌的作用。[1]氯霉素属于酰胺醇类抗生素，通过与核糖体的50S亚基结合抑制细菌蛋白质的合成从而发挥抗菌作用。[2]此外，红霉素属于大环类脂类抗生素，其抗菌机理与上述几种抗生素类似，也是通过抑制细菌蛋白质合成而发挥抗菌作用。[3]

不知道是否出于偶然，上述发现的这些抗生素似乎具有相似的抗菌机制——阻止细菌的蛋白质合成来抑制细菌生长。那么，是否存在影响细菌的其他生理活动的抗生素呢？

---

[1] CUNHA B A，沈淑英，张志林. 四环素类抗生素的临床应用 [J]. 国外药学（抗生素分册），1987（1）：38-43.

[2] MORGAN E J. Studies on the Mechanism of Action of Chloramphenicol [D]. Bozeman : Montana State University-Bozeman，1972.

[3] 赵丽娜. 大环内酯类抗生素治疗弥漫性泛细支气管炎作用机理探讨 [D]. 上海：同济大学，2009.

26. 升级版青霉素登场

　　前文介绍了20世纪初微生物学家们在土壤中发现抗生素的辉煌时刻，接下来，我们将聚焦于青霉素的发现和进一步研究，升级版青霉素闪亮登场。19世纪以前，人们还将自然界的天然产物作为药物使用。自弗莱明发现青霉素后，这一真菌的产物也并未在短时间内以商品化的形式在市面上流通。事实上，除了弗莱明欠缺化学合成知识外，更重要的原因是青霉素的产量太少。但这些困难随着牛津大学的科研团队优化培养条件和提取方法后被一一解决，最终成功获得高产量的青霉素。❶基于以上原因青霉素才得以大放异彩并在第二次世界大战中拯救了无数生命。

　　当时人们很大程度上是把青霉菌作为"工具人"来获得青霉素，而非用化学合成的方法创造出药物。尽管通过改变生产工艺，制药企业能够获得相当可观的青霉素产量，但第二次世界大战期间人们对青霉素的需求量激增，单纯依靠青霉菌生产青霉素已不能满足需求。随着有机合成技术的全面发展，研究者们开始将更多的注意力放在对化合物及其先导化合物的研究上，希望通过化学合成的方式进一步提高青霉素的产量。但当时研究者们对青霉

❶ JOKLIK W K. The Story of Penicillin : The View From Oxford in the Early 1950s [J]. Faseb J，1996，10（4）：525-528.

素的结构并不了解，因此化学合成青霉素一直是横亘在化学家面前的巨大难题。直到1945年，英国科学家多萝西·玛丽·克劳福特·霍奇金（Dorothy Mary Crowfoot Hodgkin）通过X射线晶体衍射❶的方法确定了青霉素的化学结构，证实在这种抗生素中存在β-内酰胺环❷的活性结构。❸

尽管人们知道了青霉素的结构，但数千名化学家还是因为合成青霉素的高难度而放弃了这一工作，并坚信这种合成需要耗费大量时间。只有少数科学家坚持下来，麻省理工学院的约翰·克拉克·希恩（John Clark Sheehan）一直在孤独地寻找一种能够合成青霉素的方法，即使希恩的许多朋友公开质疑他是否能够成功，他还是投入了大量的时间和精力专注于青霉素的化学合成。直到1957年，希恩和他的团队通过采用逆合成分析法❹，首次找到了青霉素全合成的方法。凭借他的坚持不懈，这位科学家最终攻破了当时化学界最难解决的问题之一。❺

▲ 英国科学家
多罗西·克劳福特·霍奇金

青霉素合成这一难题的解决掀起了人们

---

❶ X射线晶体衍射是利用电子对X射线的衍射作用，获得晶体中电子密度的分布情况，从中分析关于原子位置和化学键的信息，即晶体结构。

❷ β-内酰胺环是β-内酰胺类抗生素（如青霉素、头孢等）的一个基本结构，是这类抗生素杀死或抑制细菌的关键点。

❸ CROWFOOT D，BUNN C W，ROGERS-LOW B W，et al. The X-ray crystallographic investigation of the structure of penicillin [M]//HANS T C. Chemistry of Penicillin. princeton：Princeton University Press，1949：310-366.

❹ 逆合成分析，也称作逆合成法、反合成分析，是解决有机合成路线的重要方法。其实质是通过分析目标分子结构，逐步将其拆解为更简单、更容易合成的前体和原料，从而完成路线的设计。

❺ STINSON S. Penicillin Pioneer John Sheehan Dies at 76 [J]. Chem Eng News，1992，70（13）：6.

对半合成抗生素❶开发的激情，其中就包括半合成头孢菌素的开发。1945年，朱塞贝·布罗兹（Giuseppe Brotzu）教授在排水沟中发现了头孢菌素：第二次世界大战结束后，意大利的许多城市因为卫生条件落后而发生了大规模的疾病流行如伤寒（伤寒杆菌引起的急性肠胃病），这种疾病通常通过受污染的水和食物进行传播。但神奇的是，在撒丁岛南部卡利亚里湾的北端卡利亚里有一个地区，人们从河里捕鱼吃但很少生病。教授注意到了这个情况并基于当时对微生物学的了解，他怀疑河中可能含有某种对抗病原体的物质。为了验证这个猜想，他从河水中取样，之后去培养河水中可能存在的微生物，最终他得到了一种顶头孢霉菌（*Cephalosporium acremonium*）。这些顶头孢霉菌会分泌出一些物质，它们可以有效抵抗伤寒杆菌和葡萄球菌。但由于当时科研条件的限制，他无法确认这些物质的结构和信息。❷随着技术的发展和技艺的成熟，1955年牛津大学的生物化学家从头孢菌液中分离获得若干结构不同于青霉素的第二大类 β-内酰胺类抗生素——头孢菌素类化合物，他们使用霍奇金博士发明的 X 射线晶体学方法，对新抗生素的化学结构进行了鉴定，随后以头孢菌素 C 和头孢菌素的核心结构 7-氨基头孢烯酸（简称7-ACA）申请了专利。专利许可费让牛津大学的生物化学家们得到了巨额的利润，而他们也把大部分利润捐献了出来，并设立了多个基金会从事慈善工作。牛津大学成功提炼出对 β-内酰胺酶❸稳定的头孢菌素 C，但它用于临床缺乏足够的效

---

❶ 半合成抗生素是在生物合成抗生素的基础上发展起来的，针对生物合成抗生素的化学稳定性、毒副作用、抗菌谱等问题，通过结构改造可以增加其稳定性、降低毒副作用、扩大抗菌谱、减少耐药性、改善生物利用度，提高药物治疗的效果。

❷ BO G. Giuseppe Brotzu and the Discovery of Cephalosporins [J]. Clin Microbiol Infect，2000，6（Suppl 3）：6-9.

❸ β-内酰胺酶最大的特点是可以水解青霉素类等抗生素。

力。随后不断有企业如葛兰素❶和礼来等加入进来，对7-ACA的旁链作出修改和调整，最后得到了可以在临床上使用的抗生素——头孢噻吩。❷之后人们对头孢菌素不断进行改造，开发了一代又一代的头孢菌素类抗生素。现如今头孢菌素类药物是目前产业规模最大的抗生素类药物，同时也是市面上品种数量和参与生产的企业数量最多的药物类别之一。

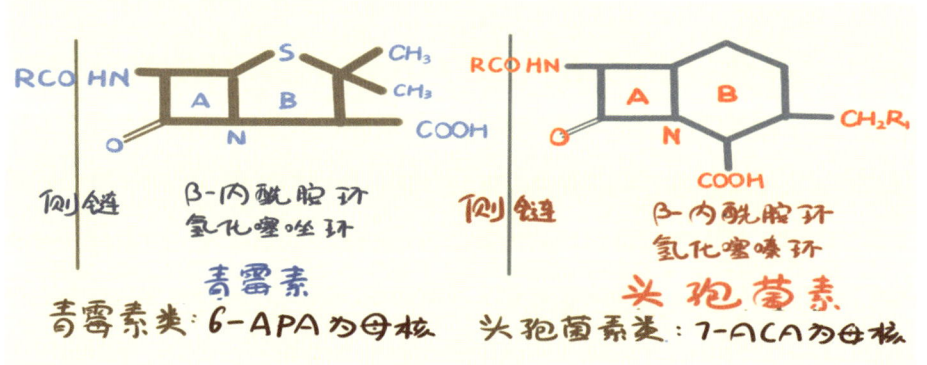

▲ 青霉素与头孢菌素母核

---

❶ 葛兰素是一家覆盖抗感染、中枢神经系统、呼吸系统、代谢、肿瘤和疫苗领域的以研发为基础的公司。它的业务范围同时包含处于领先地位的口腔卫生保健、营养饮料和一些非处方药业务。

❷ HAMILTON-MILLER J M. Development of the Semi-synthetic Penicillins and Cephalosporins [J]. Int J Antimicrob Agents，2008，31（3）：189-192.

Tips：头孢配酒，说走就走？

"头孢配酒，说走就走"。相信大家都听说过这句俗语，这一现象其实涉及一种化学反应的原理：头孢类抗生素与酒精同时存在时，头孢类抗生素会抑制酒精在人体内的代谢，使酒精无法排出体外，从而导致血液中乙醇浓度升高，引起一系列不良反应，其中最常见的不良反应包括双硫仑样反应和肝肾功能损害。双硫仑样反应表现为面部潮红、头痛、恶心、呕吐和出汗等症状，严重时会出现血压下降、呼吸困难、心律失常、胸闷，甚至休克等症状；而肝肾功能损害则是指由于酒精和头孢菌素类药物均需要经过肝解毒后经肾排出，两者同时服用可能会加重肝肾负担。

了解了两者发生化学反应的原理和危害，我们在使用药物时应该更加谨慎，服用头孢菌素类药物如头孢哌酮、头孢唑林、头孢曲松和头孢甲肟等期间，需要避免饮用含酒精的饮品，如白酒、啤酒等。服用其他药物后，也需要谨遵医嘱在药物完全吸收后再饮用酒精饮品，以免引起不良反应。

27. 抗生素的秘密

抗生素可谓是细菌的专业杀手，各种类型的抗生素就像熟练的战士，运用不同的武器和技巧，有针对性地攻击细菌的特定要害部位，以达到消灭或抑制细菌生长的目的。它们的作战手段主要有以下4种：

（1）通过抑制细菌细胞壁的合成，导致细菌失去细胞壁的保护，最终细菌溶解而死亡。

（2）通过抑制细菌蛋白质合成过程中的不同靶点（如核糖体）来阻断蛋白质合成，从而抑制细菌的生长和繁殖。

（3）通过抑制细菌DNA或RNA的合成或复制，阻碍细菌的基因表达和遗传物质的复制，从而抑制细菌的生长和繁殖。

（4）通过影响细胞膜通透性，导致细胞膜的破裂而引起细菌死亡。

从细胞壁入手的 β-内酰胺类抗生素

青霉素由于具有一个有效的抗菌结构——β-内酰胺环，而被分类为 β-内酰胺类抗生素。❶这一重要的结构被布隆伯格（Blumberg）和施特罗明格

---

❶ LIMA L M，SILVA B，BARBOSA G，et al. β-lactam Antibiotics : An Overview from a Medicinal Chemistry Perspective [J]. Eur J Med Chem，2020，208：112829.

（Strominger）于1974年所解析，他们发现青霉素的结构与细菌细胞壁的一种成分（肽聚糖末端D-Ala-D-Ala）类似❶，因此，推断青霉素可能通过干扰细菌细胞壁的合成来发挥作用。❷为了验证这一假设，研究人员进行了一系列试验。他们首先观察到在细菌生长期间，细菌会合成新的细胞壁来维持其结构和形状，而细胞壁这种结构是动物细胞中没有的（青霉素等药物在人体内找不到相似的作用靶点）。细菌细胞壁的主要组成物质是肽聚糖❸，肽聚糖交错排列，像一张严丝合缝的蜘蛛网一样牢牢包裹住细菌内部核心结构。其的合成需要复杂的工艺，其中需要三十多种酶❹参与其中。而青霉素则可以与其中的一个转肽酶❺结合，即青霉素结合蛋白❻（penicillin-binding protein, PBP），从而抑制了细胞壁的合成。细菌的细胞壁变得脆弱且容易破裂，细菌无法维持结构和形状的稳定性，最终导致细菌死亡或生长受限。❼

---

❶ BLUMBERG P M，STROMINGER J L. Interaction of Penicillin with the Bacterial Cell : Penicillin-binding Proteins and Penicillin-sensitive Enzymes [J]. Bacteriol Rev，1974，38（3）：291-335.

❷ 同❷.

❸ 肽聚糖是由乙酰氨基葡萄糖、乙酰胞壁酸与4~5个氨基酸短肽聚合而成的多层网状大分子结构。从每个N-乙酰胞壁酸引出一条寡肽链，与相邻多糖链上的N-乙酰胞壁酸相连，使两条平行的糖链横向相连构成网络，这样构成了一层肽聚糖。

❹ 酶是对作用底物具有高度特异性和催化效能的蛋白质或RNA。

❺ 转肽酶是在蛋白质生物合成过程中对肽键的形成具有必需作用的酶类。

❻ 青霉素结合蛋白是广泛存在于细菌表面的一种膜蛋白，是合成金黄色葡萄球菌的重要蛋白酶系统，也是 β- 内酰胺类抗生素的主要靶位。

❼ BLUMBERG P M，STROMINGER J L. Interaction of Penicillin with the Bacterial Cell : Penicillin-binding Proteins and Penicillin-sensitive Enzymes [J]. Bacteriol Rev，1974，38（3）：291-335.

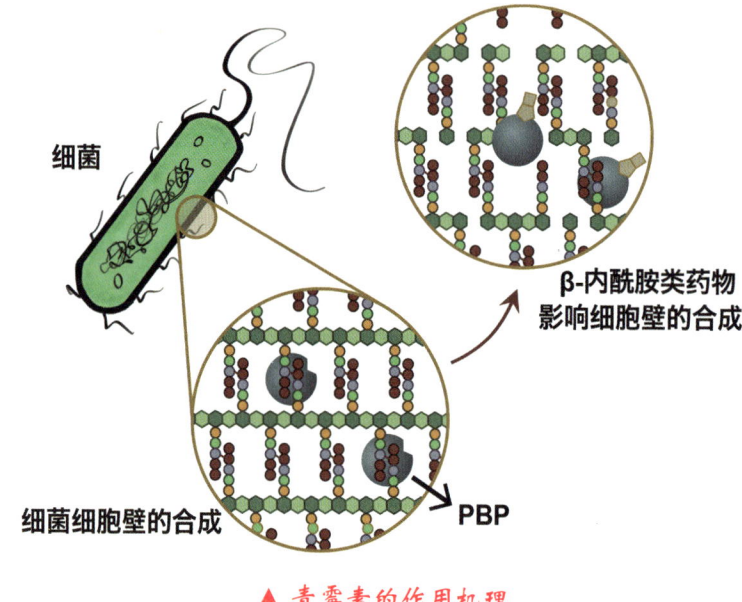

細菌

β-内酰胺类药物
影响细胞壁的合成

细菌细胞壁的合成

PBP

▲ 青霉素的作用机理

　　这个发现揭示了β-内酰胺类抗生素抑制细菌生长的机制。科学家们也得以发现其他具有类似的β-内酰胺环的抗生素，如头孢菌素和氨苄青霉素等，由于具有相似的抗菌武器，它们也通过抑制细菌细胞壁的合成来发挥作用。这个机理的发现为抗生素的应用提供了重要的理论基础，并且也为后续的抗生素研发与设计提供了启示。

专攻细菌"核"心的喹诺酮类药物

　　喹诺酮类药物（一类衍生自喹啉的合成类抗菌药物）的故事始于对其抗菌活性的观察。研究人员最初发现，氧氟沙星和环丙沙星等喹诺酮类药物有着很好的抑制细菌生长的效果。这引起了他们的兴趣，并开始深入研究这些药物的作用机理。研究人员将重点放在喹诺酮类药物对细菌核酸合成的影响上。第一个喹诺酮类抗生素——萘啶酸，是20世纪60年代在氯喹（一种用于预防和治疗症疾的药物）生产过程中的副产物，后续人们才发现它有抗菌活性。❶直到1953年，弗朗西斯·克里克（Francis Crick）和詹姆斯·D. 沃森（James D. Watson）发现DNA双螺旋结构，人们开始了解核酸结构及核酸的合成后，才逐渐明白喹诺酮类药物抑制细菌生长背后的秘密。

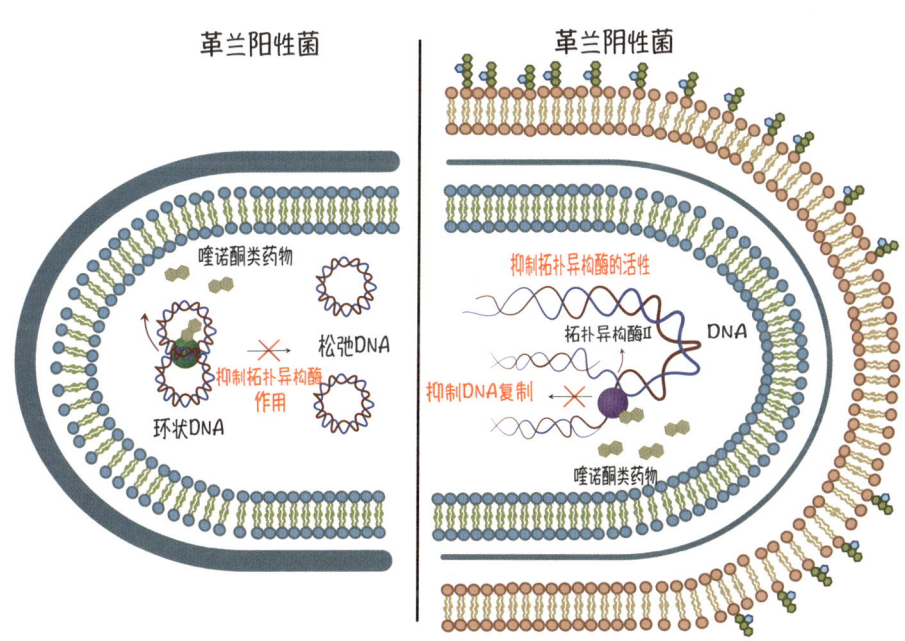

▲ 喹诺酮类药物的作用机理

❶ LESHER G Y，FROELICH E J，GRUETT M D，et al. A new class of chemotherapeutic agents [J]. J Med Pharm Chem，1962，5（5）：1063-1065.

通过一系列的试验，科学家们发现喹诺酮类药物与细菌的DNA拓扑异构酶相互作用。DNA拓扑异构酶是一种重要的酶，它负责调节DNA的结构和形状，使其能维持双螺旋的稳定结构。研究人员发现，喹诺酮类药物导致DNA无法维持双螺旋结构，干扰DNA的复制和修复，进而抑制了细菌核酸的合成。最终，由于核酸合成的抑制，细菌无法正确合成和修复DNA，生存和复制能力受到严重损害，最终导致细菌死亡。❶

精准打击细菌蛋白质的四环素类抗生素

自1945年人们在土壤中发现一种金黄色的细菌可以产生抗菌活性物质——金霉素，科学家们便不断发现具有相似结构的抗生素，并对它们进行改造。他们将这些具有线性稠合四环骨架的抗生素称为四环素类抗生素。有很多抗生素会通过抑制和干扰细菌蛋白质的合成而抑制细菌生长，其中就包括四环素类抗生素。对于各种生物来说，蛋白质是不可或缺的一种物质，是生命的物质基础。细菌的构成简单，它们的各种生命活动大都是通过各种由蛋白质构成的酶来实现的。

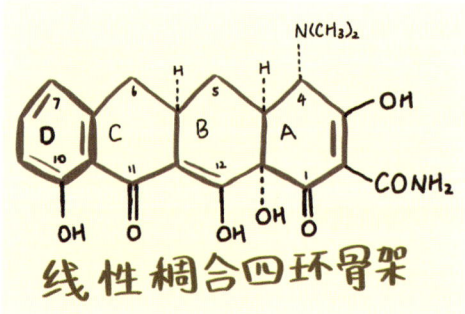

▲ 四环素类抗生素的线性稠合四环骨架

---

❶ ALDRED K J，KERNS R J，OSHEROFF N. Mechanism of Quinolone Action and Resistance [J]. Biochemistry，2014，53（10）：1565-1574.

既然动物和细菌都通过蛋白质进行生命活动，那么四环素类抗生素是怎么精准阻断细菌的蛋白质合成呢？这就不得不提及真核生物和原核生物不同的核糖体结构。核糖体是一类执行蛋白质合成的细胞器，它与信使RNA**❶**（mRNA）结合，并使用mRNA的序列排列正确的氨基酸序列，生成对应的蛋白质。核糖体由小核糖体亚基和大核糖体亚基形成。对于细菌这些原核生物来说，它们具有70S核糖体，由小亚基（30S）和大亚基（50S）构成。而包括人在内的真核生物，它们的细胞中含有的是80S核糖体，由40S亚基和60S亚基构成。抗生素便是利用核糖体亚基的差异，特异性地干扰细菌的蛋白质

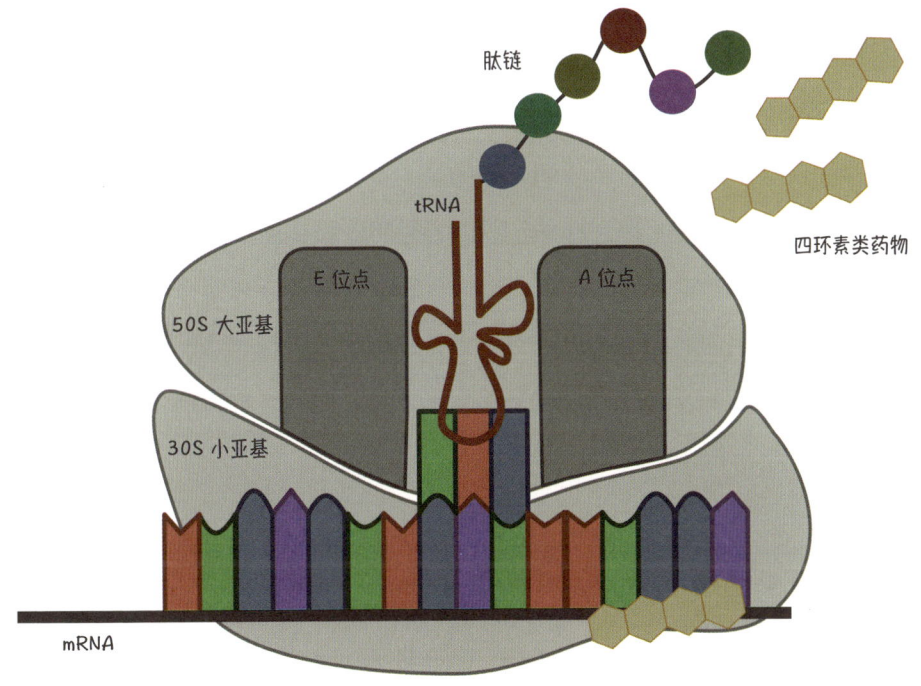

▲ 四环素类抗生素的作用机理

---

❶ 信使 RNA 在转录过程中产生，含有遗传信息的核糖核酸。

合成，而对动物细胞的影响较小。四环素类抗生素可以与细菌的核糖体相互作用，特别是与核糖体的30S亚基结合，这种结合阻止了氨基酰基tRNA附着在核糖体上，干扰了肽链的伸长，最终导致蛋白质合成终止。**❶**由于无法合成必需的蛋白质，细菌无法进行重要的细胞生长过程，最终死亡。

插入细胞膜的多黏菌素类抗生素

为了更好地存活下去，细菌在身体外筑起了一道道的城墙，其中就包括细胞膜。对于革兰阳性菌和革兰阴性菌来说，它们的细胞膜结构存在差异。革兰阴性菌的外膜具有一个特殊的结构——脂多糖（lipopolysaccharide，LPS），它由一些糖类和脂质A**❷**所组成，脂质A之间会手拉手构成一堵墙，让外面的抗生素无法进入细菌体内。而科学家们在一些细菌（多黏类芽孢杆菌）体内发现了一类物质可以对抗革兰阴性菌的这一特殊结构，他们将这一类抗菌活性物质称为多黏菌素。**❸**他们发现带正电荷的多黏菌素类抗生素通过静电吸引带负电荷的脂质A，同时将自己插入到脂质A之间，通过破坏脂质A形成的这堵墙，使细菌的细胞膜通透性增大，细菌无法维持正常的内部环境，重要的物质如离子和营养物质会泄漏到细菌体外，而有害物质则会进入细菌体内，最终导致细菌死亡。**❹**

❶ BARAN A，KWIATKOWSKA A，POTOCKI L. Antibiotics and bacterial resistance-A short story of an endless arms race [J]. Int J Mol Sci，2023，24（6）：5777.

❷ 脂质A由 β-1,6 糖苷键相联的 D- 氨基葡萄糖双糖组成骨架，双糖骨架的游离羟基和氨基可携带多种长链脂肪酸和磷酸基团，有种属细菌的特异性。

❸ LI J，NATION R L，KAYE K S. Polymyxin antibiotics：from laboratory bench to bedside [J]. 2019.

❹ DIXON R A，CHOPRA I. Leakage of Periplasmic Proteins from Escherichia Coli Mediated by Polymyxin B Nonapeptide [J]. Antimicrob Agents Chemother，1986，29（5）：781-788.

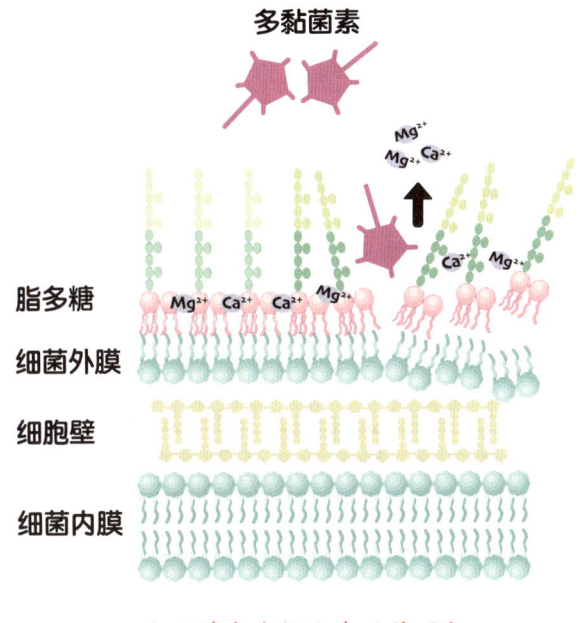

多黏菌素

脂多糖

细菌外膜

细胞壁

细菌内膜

▲ 多黏菌素类抗生素的作用机理

干扰细菌代谢的磺胺类药物

包括百浪多息在内的磺胺类药物是一类广谱抗生素，可用于治疗多种细菌造成的感染。这些药物通过干扰并阻断细菌体内的叶酸❶合成来抑制细菌的生长和繁殖。它们的化学结构与细菌体内的一类物质——4-氨基苯甲酸（4-aminobenzoic acid，PABA）相似，磺胺类药物通过与细菌体内的PABA结合，抑制细菌合成叶酸的关键酶——二氢叶酸合成酶的活性。这样一来，细

---

❶ 叶酸是蝶啶的衍生物，最初由肝分离出来，后来发现植物的绿叶中含量十分丰富。它广泛地存在于肉类、水果、蔬菜中，为黄色结晶状粉末，无味无臭，其钠盐易溶于水，不溶于醇和乙醚及其他有机溶剂，不溶于冷水但稍溶于热水。在酸性溶液中不稳定，易被光破坏。

菌无法正常合成叶酸，进而影响嘌呤和嘧啶的合成通路。这会抑制细菌体内DNA和RNA的合成，从而阻止细菌的生长和繁殖。❶磺胺类药物经口服或静脉注射后在体内迅速被吸收，并通过血液循环传递到细菌感染部位。这类药物在体内的代谢和排泄相对较快：它们在肝经过乙酰化❷和葡萄糖醛酸化❸等代谢途径转化为活性代谢产物，然后通过肾排出体外。在排泄过程中，部分药物可能会被肾小管重新吸收，以进行循环利用，这也是磺胺类药物药效持久性较好的原因。❹

　　不同种类的抗生素虽然具有不同的作用方式，但殊途同归，它们通过抑制细菌细胞壁、核酸和蛋白质的合成来完成自己的使命，帮助人类重获健康。

---

❶ OVUNG A，BHATTACHARYYA J. Sulfonamide Drugs：Structure，Antibacterial Property，Toxicity，and Biophysical Interactions [J]. Biophys Rev，2021，13（2）：259-272.

❷ 乙酰化就是将有机化合物分子中的氮、氧、碳原子上引入乙酰基（CH_3CO^-）的反应，最常见的是组蛋白乙酰化。常用氯乙酰和醋酸酐等作为乙酰化剂。

❸ 葡萄糖醛酸化包括通过几种类型的 UDP- 葡糖醛酸转移酶将尿苷二磷酸的葡糖醛酸成分转移到底物上。葡萄糖醛酸化通常参与药物、污染物、胆红素、雄激素、雌激素、盐皮质激素、糖皮质激素、脂肪酸衍生物、类维生素 A 和胆汁酸等物质的代谢中。

❹ 同❷.

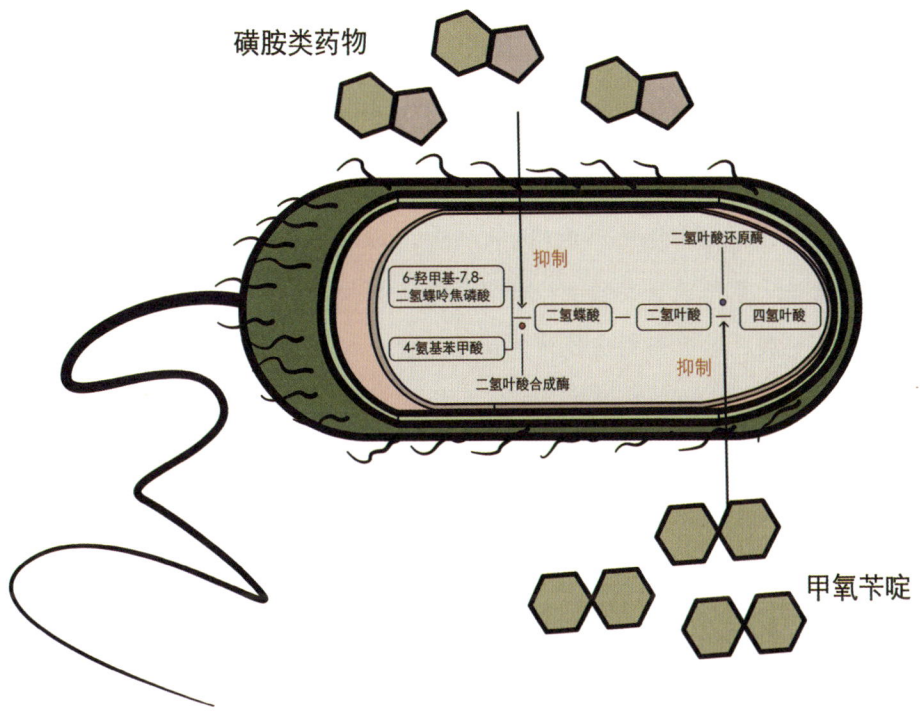

▲ 磺胺类药物的作用机理

Tips: 抗菌药物中的"致命杀手"和"慢性毒药"

抗菌药物就好像是士兵们的武器，它们可以帮助抵抗细菌感染。抗菌药物大致可以分为两类：杀菌类药物和抑菌类药物。

杀菌类药物就像是绝杀的"杀手"，它们能够直接杀死细菌。这些药物通过干扰细菌重要的生命活动，如抑制细菌细胞壁合成、破坏细胞壁或细胞膜，迅速而彻底地消灭细菌。像青霉素和链霉素这样的抗生素就属于杀菌类药物，它们可以直接杀死细菌，让细菌毫无生还的机会。

抑菌类药物则更像是"慢性毒药"，它们不会直接杀死细菌，而是通过抑制细菌的生长和繁殖，来阻止它们继续扩散和侵害。这些药物可以抑制细菌的代谢过程、干扰蛋白质合成或阻断细菌的DNA复制，从而削弱细菌的活力。类似磺胺类药物和四环素类药物就属于抑菌类药物，它们不会直接杀死细菌，但可以有效地抑制细菌的生长。

28. 抗生素无所不能？

我们了解到抗生素似乎无所不能，威力巨大，但果真如此吗？自1932年拜耳公司研发出一种能够抑制感染性细菌的亮红色染料即万能药（百浪多息）后，百浪多息就被用作各种疾病治疗。但是，人们当时沉浸在发现万能药的喜悦中，完全没有意识到毫无节制地使用这种药物会带来多么可怕的后果。1936年，人们发现百浪多息在动物体内会被代谢成磺胺，该物质才是真正有效的抗菌成分。❶自从巴斯德研究所的科研人员将他们的研究成果发表后，全世界的化学生产商都开始"合法地"生产和销售这种灵丹妙药。当时对药物并没有很严格的监管措施，几年内很多家公司都在致力于生产各自的"百浪多息"。这也间接导致药物滥用情况的出现，其中最著名的事件则是磺胺酏剂的滥用。

❶ VAN MIERT A S. The Sulfonamide-diaminopyrimidine Story [J]. J Vet Pharmacol Ther，1994，17（4）：309-316.

▲ 百浪多息与磺胺结构

　　磺胺酏剂由美国田纳西州的制药厂麦森吉尔制药公司（简称麦森吉尔公司）生产。这家制药公司以生产多种药物闻名，包括镇痛药等各类产品。随着"万能药"的兴起，这家公司很快将其纳入关注的范畴中。当时的各大制药厂积极加入这场利益的争夺战，致力于将磺胺类药物制作成胶囊、药片和药粉出售。1937年，麦森吉尔公司的首席化学家和药剂师哈罗德·沃特金斯（Harold Watkins）脑中闪现出一个新的想法：如果把磺胺类药物制作成口服液，也许能在市场上打开新局面，从而使麦森吉尔公司开发的药品占据主要市场地位。沃特金斯通过实验发现，磺胺可以很好地在二甘醇❶中溶解，再加入覆盆子提取物、糖精、苋菜和焦糖等成分进行调味，就可以制作出口服糖浆。麦森吉尔公司给这种液体新药取名为"磺胺酏剂"，之后便争分夺秒地加快研发和生产。令人惊叹的是，磺胺酏剂在短短三个月内便完成了大规模生产，并在同年9月初迅速被卖到了美国的各个州，但沃特金斯却忽略了二甘醇的毒性，而且这种药物上市前并未在动物身上进行预实验。正当麦森吉尔公司沉浸在赚得盆满钵满的美梦中时，仅仅一个月，俄克拉何马州的几起肾衰竭死亡报告宛如一道道晴空霹雳将这美梦击得粉碎，巧合的是该市也是磺胺酏剂的主要销售地之一。随后的调查发现，这些患者都曾服用过麦森

---

❶ 二甘醇是一种具有低毒性的多元醇类化学物。

吉尔公司9月刚上市的磺胺酏剂，这不禁让人怀疑该药是导致肾衰竭死亡的罪魁祸首。其实二甘醇是一种很好的化学溶剂，主要被用作工业溶剂和汽车发动机防冻剂，但是它有很强的肾毒性[1]，儿童口服5毫升、成年人口服20毫升即可致命。[2]动物实验很快就发现了磺胺酏剂的致死毒性，麦森吉尔公司为了尽快抢占市场并没有进行任何毒性测试。在这起美国暴发的第一起药品危机发生后，美国食品药品监督管理局[3]（Food and Drug Administration，FDA）的调查员也被派往全国各地召回有毒药品。[4]

尽管FDA竭尽全力召回尚未售出和未使用的磺胺酏剂，但仍然有105人没有摆脱死亡的厄运，其中包括34名儿童。由于此药刚研发出来不久，当时还没有相应的解毒剂或治疗方法。[5]其中一位不幸去世孩子的母亲在给总统富兰克林（Franklin）的信里写道："那是我第一次带琼去看医生，她得到了磺胺酏剂。而我们得到的，只有她小小的坟墓。甚至有关于她的记忆，都夹杂着无尽的悲伤。看到她不断挣扎翻滚的小身体，听着她痛苦地尖叫，我感觉我也要疯了。我恳求您，请一定采取措施，不要让这种能夺去孩子生命的

---

[1] 肾毒性是肾毒性反应。最早症状可为蛋白尿和管型尿，继而可发生氮质血症、肾功能减退，严重时可出现急性肾衰竭和尿毒症等。

[2] SCHEP L J，SLAUGHTER R J，TEMPLE W A，et al. Diethylene Glycol Poisoning [J]. Clin Toxicol（Phila），2009，47（6）：525-535.

[3] FDA 为美国卫生与公众服务部直辖的联邦政府机构，其主要职能是负责对美国国内生产及进口的食品、膳食补充剂、药品、疫苗、生物医药制剂、血液制剂、医疗设备、放射性设备、兽药和化妆品进行监督管理，同时也负责执行《公共卫生服务法令》的第 361 号条款，包括公共卫生条件及州际旅行和运输的检查、对于诸多产品中可能存在的疾病的控制等。

[4] WAX P M. Elixirs，diluents，and the passage of the 1938 Federal Food，Drug and Cosmetic Act [J]. Ann Intern Med，1995，122（6）：456-461.

[5] RAJENDRAN N，THOMAS D，SURESH MADHAVAN S，et al. Chapter 24-ethics in clinical research [M]// THOMAS D. Clinical pharmacy education，practice and research. Amsterdam：Elsevier，2019：345-364.

药再销售了，不要让其他母亲像我今晚一样，只能看到昏暗无光的未来。"
当时，食品药品法并未要求新药进行安全性测试，正是由于这一缺陷导致了
美国历史上三大药品安全事件之一的悲剧发生。1938年，美国国会通过了
美国《联邦食品、药品、化妆品法案》（*Food，Drug，Cosmetic Act*），赋予
FDA监督监管的权利，这也是美国整个药品监管体系的基石，一直被沿用至
今。至此，新药在上市前必须先进行动物实验，从急性毒性、慢性毒性、化
学致癌作用、遗传毒性❶和发育毒性❷等多方面对药物进行评估，旨在确保在
患者用新药时具有足够的安全性，该要求也被写入美国联邦法律中。药厂必
须先进行试管测试和动物测试，并将测试记录提交FDA审阅。如果测试符
合安全标准，FDA会批准药厂在其监控下进行人体测试。只有当FDA确定
该药是安全的且能产生药效时，才会批准上市。即使药品上市以后，FDA仍
会持续监控，以防止出现测试中未发现的意外情况。❸如今FDA还有"美国
人健康守护神"之称，影响范围甚至扩大到全球，全世界的药品商和食品商对其又爱又怕，广大民众和专家无比信赖其专业水准。

在滥用抗生素的同时，人们也渐渐发现一些药物开始失效。随着抗生素的广泛应用，临床上常用的抗生素渐渐无法再治

▲ 磺胺酏剂的受害者

---

❶ 遗传毒性是指环境中的理化因素作用于有机体，使其遗传物质在染色体水平、分子水平和碱基水
平上受到各种损伤，从而造成的毒性作用。

❷ 发育毒性指的是某些化合物具有干扰核酸翻译和表达功能而影响个体生长发育的过程。

❸ WAX P M. Elixirs, Diluents, and the Passage of the 1938 Federal Food, Drug and Cosmetic Act [J].
Ann Intern Med, 1995, 122（6）: 456-461.

疗一些细菌感染导致的疾病。青霉素、百浪多息、四环素、红霉素……这些"神药"开始一个一个失去它们的神奇疗效，开发新药存在较大的时间成本和高昂的研发成本，很多制药企业也开始放缓研发抗生素类药物的脚步。不知什么时候开始，抗生素研发的"黄金时代"已经悄然离去。

Tips：什么是NMPA？

中国进行药物管理的机构是国家药品监督管理局（National Medical Products Administration，NMPA）。NMPA贯彻落实党中央关于药品监督管理工作的方针政策和决策部署，在履行职责过程中坚持和加强党对药品监督管理工作的集中统一领导。主要职责为：

（1）负责药品（含中药、民族药）、医疗器械和化妆品安全监督管理。拟订监督管理政策规划，组织起草法律法规草案，拟订部门规章，并监督实施。研究拟订鼓励药品、医疗器械和化妆品新技术新产品的管理与服务政策。

（2）负责药品、医疗器械和化妆品标准管理。组织制定、公布国家药典等药品、医疗器械标准，组织拟订化妆品标准，组织制定分类管理制度，并监督实施。参与制定国家基本药物目录，配合实施国家基本药物制度。

（3）负责药品、医疗器械和化妆品注册管理。制定注册管理制度，严格上市审评审批，完善审评审批服务便利化措施，并组织实施。

（4）负责药品、医疗器械和化妆品质量管理。制定研制质量管理规范并监督实施。制定生产质量管理规范并依职责监督实施。制定经营、使用质量管理规范并指导实施。

（5）负责药品、医疗器械和化妆品上市后风险管理。组织开展药品不良反应、医疗器械不良事件和化妆品不良反应的监测、评价和处置工作。依法承担药品、医疗器械和化妆品安全应急管理工作。

（6）负责执业药师资格准入管理。制定执业药师资格准入制度，指导监督执业药师注册工作。

（7）负责组织指导药品、医疗器械和化妆品监督检查。制定检查制度，依法查处药品、医疗器械和化妆品注册环节的违法行为，依职责组织指导查处生产环节的违法行为。

（8）负责药品、医疗器械和化妆品监督管理领域对外交流与合作。参与相关国际监管规则和标准的制定。

（9）负责指导省、自治区、直辖市药品监督管理部门工作。

（10）完成党中央、国务院交办的其他任务等。

细菌的绝命反击

——耐药性的快速产生

29. 神药坠落神坛

进入20世纪40年代末，抗生素似乎成为医学的救世神物，拯救了无数生命。然而，在光辉的背后隐藏着一个不容忽视的现实：神奇的抗生素们正逐渐失去其昔日的神奇光环。曾经无所不能的抗生素，如青霉素和磺胺类药物，现在面临着严峻的挑战，一场耐药性的风暴正席卷而来。

1945年12月13日，风和日丽的一天，意气风发的弗莱明在他振奋人心的诺贝尔奖演讲的末尾，扔出了一个重磅炸弹。演讲的主题正是帮助他获得这个奖项的青霉素——一项拯救千万人生命的超级神药的研究。

"任何人都能在商店里买到盘尼西林❶的日子也许会到来。还有一种危险是，无知的人可能很容易用药不足，并将体内的微生物暴露在非致命剂量的药物中，使它们产生耐药性。这是一个假设的例子。×先生喉咙痛。他买了一些盘尼西林给自己注射，这些药虽然不足以杀死链球菌，但足以让链球菌得到抵抗盘尼西林的能力。然后他传染给他的妻子。×太太得了肺炎，用青霉素治疗。由于链球菌现在对青霉素有耐药性，治疗失败，×夫人去世了。谁对×夫人的死负有主要责任？ ×先生因不正确使用青霉素而改变了微生物的性质。这句话的寓意是：如果你用盘尼西林，那就请足量使用。"自

---

❶ 盘尼西林是青霉素的译名。

▲ 弗莱明获得诺贝尔奖

1928年发现青霉素到其在第二次世界大战期间的大放异彩，这是弗莱明首次在公开场合强调并预言青霉素耐药性危机，希望从现实及道德层面引起人们的重视并宣传正确使用抗生素。❶

事实上，早在1945年之前，抗生素失效的问题便已在全球各地陆续出现，在20世纪30年代被视作奇迹疗法的磺胺类药物（百浪多息）也在逐渐宣告失效。第二次世界大战期间，美国陆军医疗部门的文件中记录了大量磺胺及青霉素使用无效或收效甚微的案例。欧洲战场的外科首席顾问埃利奥特·卡特勒（Elliott Cutler）上校发现"即使在最佳条件下服用磺胺类药物，也无法使伤口不感染"。当时的人们无法意识到战场上药物的过度使用可能导致细菌产生对抗生素的耐药性，并且在集体信仰的引导下，人们即使知道药物没有效果却仍然开具药方，这进一步加剧了耐药性的产生。然而，这一现象在今天仍可见到，当患者，尤其是缺乏医学知识的民众发热或察觉到自己被感染时，他们会期待并要求医生开具抗生素，或自行去药房购买这类药物。而当时对抗生素缺乏深刻认识的医生们通常也会开出抗生素药方，尽管他们知道这些药物效果有限，但是这些药物仍然能让患者安心并对治疗充满希望。就像战争时期卡特勒上校所做的那样，着重于信仰与感知等安慰剂效应而忽略了药物本身的作用。在那个年代，还有一个更深层也更具伦理性的

---

❶ ALEXANDER. Sir Alexander Fleming-Nobel Lecture [EB/OL].（2024-09-22）[2024-09-25]. https:www.nobelprize.org.

原因，患者坚信他们只有服用抗生素才能有好转，当某位具有耐药相关知识的医生不愿意开药时，患者就会去找其他愿意开药的医生进行治疗。在一个日益关注评级和患者意见的医院评价体系中，一些医生担心自己的职业发展选择开具抗生素药方，尽管这些药方可能不见效甚至能够助长耐药危机。无论如何，如果黑暗就此蔓延，终有一日会吞噬希望的光芒。

在弗莱明发表诺贝尔演讲的一年后，一场大流行病袭来，印证了他关于耐药性的预言。疫病始于伦敦的汉默史密斯医院，一场链球菌脓毒症在医院暴发——混合酿脓葡萄球菌（*Staphylococcus pyogenes*）的交叉感染。玛丽·巴伯（Mary Barber）博士，一位严谨的细菌学家，采集了各个感染患者的样本，惊讶地发现青霉素不再对他们有效。随着调查的深入，她发现细菌对于抗生素的耐药性不仅真实存在，而且与日俱增。这一年，巴伯努力收集样本，分析数据，在1947年的论文中写道："酿脓葡萄球菌菌株的青霉素耐药性增加的主要原因正是青霉素的广泛使用。"[1]
这一大胆又超前的结论验证了弗莱明的预言，并向全世界发出了警告，她坚信会有越来越多的医疗人员关注如何预防耐药性的快速传播。英国公共卫生部（Public Health Laboratory，PHL）自1946年成立以来，主要任务就是向英国全国及英联邦各区提供免费的流行病学服务，其在伦敦西北区的科林达中心实验机构

▲ 耐药细菌与抗生素之战

---

[1] BARBER M. *Staphylococcal* Infection Due to Penicillin-resistant Strains [J]. Br Med J, 1947, 2（4534）: 863-865.

还肩负调动全球资源以识别、了解并且追踪流行病的责任。1952年，前英国公共卫生部研究员菲莉丝·特里布尔（Phyllis Trible）在澳大利亚的悉尼皇家北岸医院发现一种不同寻常的感染，这种感染由葡萄球菌引起且对青霉素常规疗法无反应，感染主要发生在新生儿体内，也会通过母乳喂养由新生儿传染给他们的母亲。[1]特里布尔急切地想知道为什么使用的药物无法解决这些感染问题。她着手研究，很快发现了一种新的葡萄球菌形态，这预示着全球首场抗生素耐药性流行病的开端。苦难重复上演，这片大地再次响起悲鸣。

Tips：医生怎么判断细菌是否耐药？

抗生素敏感测定是判断细菌是否对某种抗生素具有耐药性的金标准。科学家们发明了许多种用肉眼来判断抗生素杀灭细菌最小需要浓度的方法，其中就包括柯比·鲍尔（Kirby-Bauer）纸片法（K-B法）、微量琼脂稀释法和微量肉汤稀释法。柯比·鲍尔纸片法是将一定量抗菌药物固定到特定的纸片中，利用纸片上药物的弥散作用在纸片周围的培养基上形成浓度梯度，观察纸片周围有无抑菌圈，从而判断药物是否对细菌有效。1966年，世界卫生组织确认柯比·鲍尔法为药敏试验的标准方法。[2]微量琼脂稀释法和微量肉汤稀释法的基本原理均是将菌株接种到含有一系列稀释浓度药物的肉汤或琼脂培养基中，观察菌株的生长状况，能够获得对抗细菌所需的药物浓度。

[1] HILLIER K. Babies and Bacteria：Phage Typing，Bacteriologists，and the Birth of Infection Control [J]. Bull Hist Med，2006，80（4）：733-761.

[2] KHAN Z A，SIDDIQUI M F，PARK S. Current and emerging methods of antibiotic susceptibility testing [J]. Diagnostics（Basel），2019，9（2）：49.

然而为了更快、更准确地获取细菌的耐药情况，科学家们还发明了许多技术来进行耐药细菌的鉴定。利用微流体琼脂糖通道（microfluidic agarose channel，MAC）系统，用显微镜追踪MAC中单细胞细菌的生长，与不同抗

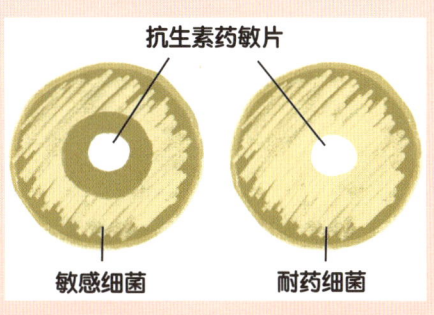

▲ Kirby-Bauer纸片法的结果读取

菌药物培养条件下单细胞细菌的时间延迟图像进行对比，来确定该细菌对该种抗菌药物的最小抑菌浓度值，该法仅在3~4小时内便能得知什么药物可以用来进行治疗。使用电化学传感器进行活细胞计数，从而判定该细菌是否耐药，整个过程约2.5小时，并取得了与传统药敏检测方法一致的结果。该检测技术依赖于分离自样本的纯培养物，可在短时间内获得准确的细菌对不同药物的药物敏感谱，为临床危重感染患者的救治提供快速、准确、信息量丰富的检测结果。

还有一些基于基因层面的相关技术，如PCR与qPCR技术、基因芯片技术、全基因组测序和集成流体通路技术，通过针对性检测基因突变或相关耐药基因是细菌耐药性检测与监测的重要手段和途径。

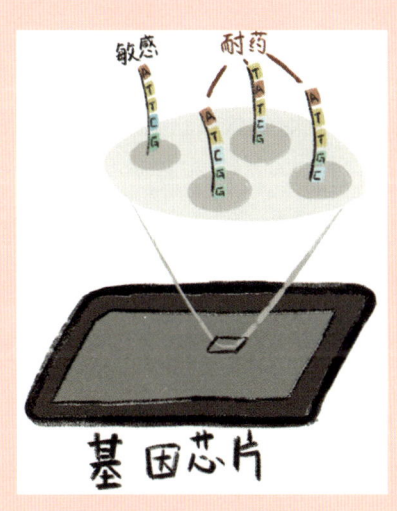

▲ 利用基因芯片检测耐药基因

30. 细菌的超级智慧

正如弗莱明提出的关于青霉素耐药性的预言那样，细菌以它们的超级智慧在应对抗生素攻势中展现出色战略，这场细菌与抗生素的战斗不仅仅是一场医学的挑战，更是一场科学的较量。另一位诺贝尔奖得主，改变整个微生物学领域的科学家——约书亚·莱德伯格（Joshua Lederberg），对细菌耐药机制的研究贡献颇多。在研究生时期，通过一系列简单的实验，他发现了两种不同类型的细菌相遇之时，就会发生一种被称为"接合"❶的行为：其中一种细菌（供体）的DNA转移到另一种细菌（受体）体内。这表明遗传信息不再只是由亲代细胞遗传给后代细胞，还可以由一种细菌传递给另一种细菌。❷在此之前，人们普遍认为细菌通过随机突变产生耐药性，然后突变的菌株面对抗生素的攻击时存活下来并将突变遗传给自己的下一代，这是一个漫长且随机的事件。然而莱德伯格证明细菌不仅和自己的后代共享它们对某种抗生素的抗性，还能分享给对该抗生素同样易感的其他同伴，这无疑加深了人们

---

❶ 接合：细菌之间通过直接或间接接触，交换质粒的过程。质粒是指存在于细菌、真菌等微生物细胞中、独立于染色体外、能进行自我复制的遗传因子。

❷ MORSE S S. Retrospective：Joshua Lederberg（1925—2008）[J]. Science，2008，319（5868）：1351.

对耐药性疾病危害的认知，迫切且急剧地猛敲耐药的警钟。

与此同时，在大洋的另一端，日本的科学家木村定雄正在经历战后传染病高发阶段的挑战，尤其是痢疾的暴发。自1957年起，科学家们逐渐发现引起细菌性痢疾的菌株不仅对磺胺类药物耐药，还对很多一线抗生素有了耐药性。木村将两种不同的细菌混合在一起：一种细菌是志贺菌，对四环素、氯霉素、链霉素和磺胺都有耐药性；另一种细菌是大肠埃希菌，所有这些药物都对它有活性。木村将混合培养物静置了一晚。到了第二天早上，原本敏感的大肠埃希菌变得和志贺菌一样，对同样的药物都有了耐药性。❶❷这一结果表明了两件事情：第一，细菌菌株能将耐药性传递至其他菌株；第二，更麻烦的是，细菌可能会对不曾用在它们身上的药物产生耐药性。坦白地说，细菌拥有了领先抗生素一步的机制。

在医学史上，抗生素的发现被认为是一场医学的革命。抗生素的出现犹如一支强大的军队，凭借其强大的杀菌力量，让人们对治愈细菌感染充满信心。然而，随着时间的推移，这场医学的"胜利"却并非如人们预期的那样稳定。相反，细菌通过其耐药机制逐渐反击，使得抗生素逐渐失去昔日的威力，这场微观的战争愈演愈烈。青霉素的问世只是开始，随后的抗生素如庆大霉素、甲氧西林等也相继投入使用。然而，随着抗生素的使用，细菌逐渐演变出各种耐药机制。抗生素耐药机制的演变可以比作军队的武器升级，这些机制就如同细菌的武器，让它们能够抵御抗生素的进攻。

---

❶ WATANABE T. Infectious Drug Resistance in Enteric Bacteria [J]. N Engl J Med，1966，275（16）：888-894.

❷ WATANABE T. Infective Heredity of Multiple Drug Resistance in Bacteria [J]. Bacteriol Rev，1963，27（1）：87-115.

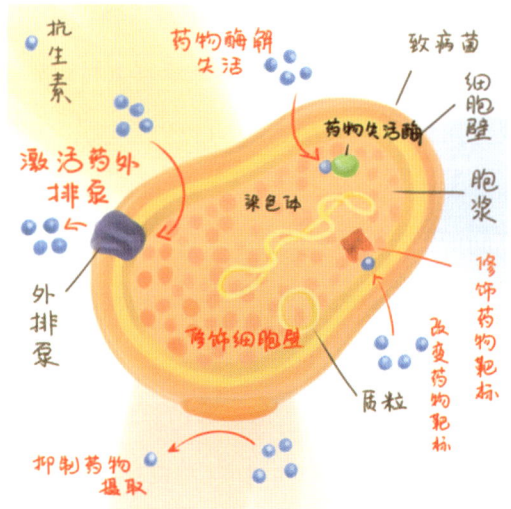

抗生素　药物酶解失活　致病菌　细胞壁　胞浆　药物失活酶　染色体　激活药外排泵　外排泵　修饰细胞壁　修饰药物靶标　改变药物靶标　质粒　抑制药物提取

▲ **细菌的耐药机制**

　　在抗生素与细菌的微观战争中，细菌好像是一座座城池，抗生素则扮演着攻城略地的角色，意图占领这些城池。然而，细菌并非毫无抵抗之力，它们拥有自己的防御机制，其中之一便是细菌细胞膜通透性变低这一方式。细菌细胞膜就如同城市的城墙，是细菌的外围保护层。在革兰阴性菌中，这种细胞膜的结构尤为重要，因为这类细菌具有双膜结构，相对不透水。这一特点使得许多抗生素难以穿透，使它对许多抗生素都具有耐药性。❶但这一厚厚的城墙同样也不利于细菌从外界获得营养，因此它们在城墙上安插了一些输送通道——孔蛋白❷，这些通道较窄，只有小分子的营养物质能够被输送

---

❶ DELCOUR A H. Outer Membrane Permeability and Antibiotic Resistance [J]. Biochim Biophys Acta，2009，1794（5）：808-816.

❷ 孔蛋白是存在于细菌质膜的外膜、线粒体和叶绿体的外膜上的通道蛋白，它们允许较大的分子通过。

进来，抗生素这些大型武器想进来就没那么容易了。❶为阻止抗生素进入体内，一些细菌通过改变孔蛋白结构来增加对某些抗生素的耐受性。这种结构的变化可能包括孔的大小和形状的调整，这就好像是细菌收紧了内部通道的大小，使得抗生素军团难以穿越。❷

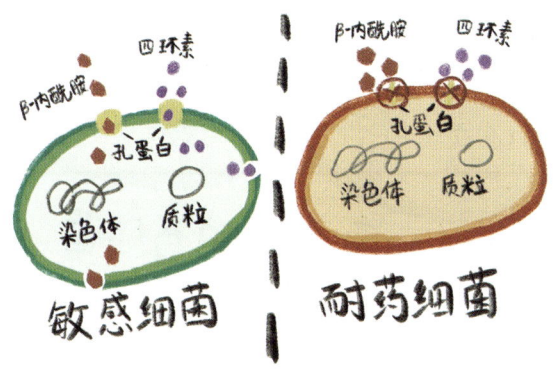

▲ **外膜通透性改变引起的耐药性产生**

但城墙也不是密不透风的，总有一些抗生素能攻入城内，这时细菌开始清点进入城内的"奸细"，把它们主动驱逐（外排）出去。细菌的主动外排过程类似于细菌制造出铲车，将抗生素推出细胞外。❸外排泵❹，也就是细菌制造出的铲车，这是一种跨膜蛋白质，能够主动输出多种包括抗生素在内的有

---

❶ PAGÈS J M，JAMES C E，WINTERHALTER M. The Porin and the Permeating Antibiotic：A Selective Diffusion Barrier in Gram-negative Bacteria [J]. Nat Rev Microbiol，2008，6（12）：893-903.

❷ KUMAR A，SCHWEIZER H P. Bacterial Resistance to Antibiotics：Active Efflux and Reduced Uptake [J]. Adv Drug Deliv Rev，2005，57（10）：1486-1513.

❸ FERNÁNDEZ L，HANCOCK R E. Adaptive and Mutational Resistance：Role of Porins and Efflux Pumps in Drug Resistance [J]. Clin Microbiol Rev，2012，25（4）：661-681.

❹ 外排泵：微生物以向胞外转运的方式产生对一种或多种药物抗性的系统，其运转通常需要能量。

毒化合物。在革兰阴性菌中，它们是最为重要的抗生素耐药机制之一，这些外排泵与不透水的双膜协同作用，使得这些细菌对许多抗生素具有内在的耐药性。

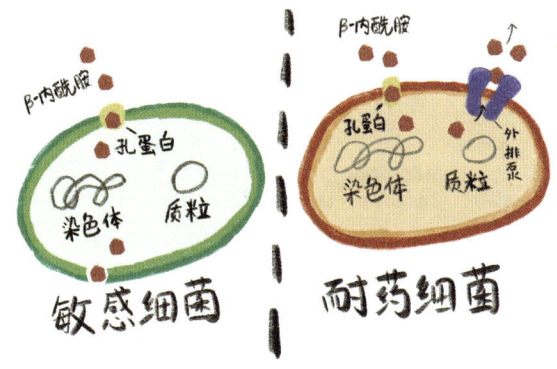

▲ 外排泵将抗生素排出

为了进一步打击抗生素，细菌在与抗生素军团作战的过程中也开发出了许多可以使抗生素失活的武器，它们利用产生的各种酶对抗生素进行水解、修饰和氧化还原，这些酶就如同箭矢一样，由细菌投射在抗生素上，使抗生素的结构被破坏或降解，失去效力。❶这种失活机制为细菌逃避抗生素攻击提供了有效手段，导致临床治疗的成功率降低。一个典型的例子是β-内酰胺类抗生素，它们可以被耐药细菌产生的β-内酰胺酶水解，从而失去抗生素的活性。❷

❶ KUMAR S，VARELA M F. Molecular Mechanisms of Bacterial Resistance to Antimicrobial Agents [J]. Chemotherapy，2013，14（18）：522-534.

❷ BONOMO R A. β-lactamases：A focus on current challenges [J]. Cold Spring Harb Perspect Med，2017，7（1）.

除此之外，氨基糖苷转移酶和磷酸转移酶❶等耐药蛋白通过修饰氨基糖苷类抗生素的结构，使其失去活性。❷这些灭活酶的存在使抗生素军团不得不冒着铺天盖地的箭雨开展对细菌城池的进攻，极大地减弱了抗生素的攻势。

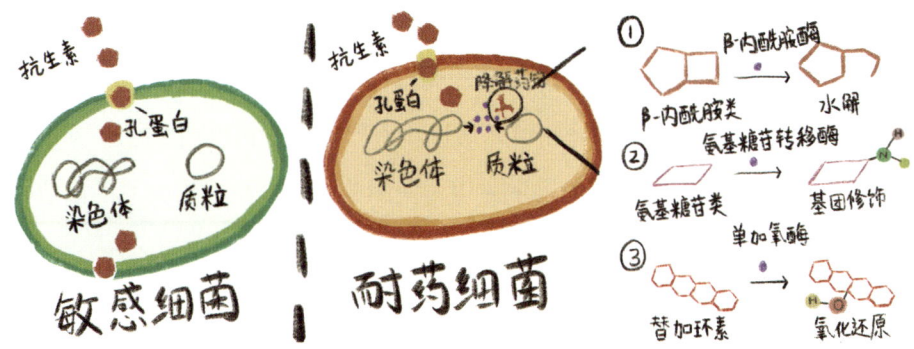

▲ 产生灭活酶让抗生素失去作用

在细菌与抗生素的持续战争中，一种强大的耐药机制渐渐浮现：改变抗生素的作用位点（靶点）。❸抗生素军团进攻细菌的秘诀在于它们对细菌细胞中的重要靶点有高特异性识别能力。这些抗生素通常以高亲和力结合主要靶点，抑制细菌的基本细胞功能，从而导致细菌的生长延缓或死亡。如果主要靶点的结构发生变化或被其他化学成分修饰保护，抗生素的结合效率就会降低，从而导致耐药性的产生。我们可以将抗生素的靶点比喻为细菌城池的城

❶ 氨基糖苷转移酶和磷酸转移酶属于氨基糖苷类修饰酶，能通过添加、改变或去除氨基糖苷类抗生素分子上的化学官能团，从而降低其对靶细胞的杀菌能力和抑菌作用。

❷ RAMIREZ M S, TOLMASKY M E. Aminoglycoside Modifying Enzymes [J]. Drug Resist Updat, 2010, 13（6）: 151-171.

❸ 抗生素的靶点是药物作用的关键性位点，这些位点与药物的疗效和毒副作用有关。

门，而细菌通过改变这个城门的朝向，使抗生素难以进攻，成功逃避了药物的攻击。靶标旁路是一种通过使原靶标冗余来产生绕过抗生素的替代途径的策略，就好比细菌在城池中设置多个逃生通道，将原有靶点分散冗余，使抗生素难以找准攻击目标，从而逃脱抗生素军团的围攻。一个著名的靶标旁路的例子是金黄色葡萄球菌对甲氧西林的耐药机制。甲氧西林是一种 β-内酰胺类抗生素，通过与PBP结合并抑制转肽酶结构域，导致细胞壁合成中断。然而，耐甲氧西林金黄色葡萄球菌可以通过获得外源性的PBP（PBP2a）来绕过这一作用，也就是发掘了新的逃生通道，使细菌在面对抗生素大军的围攻时也能够逃之夭夭。❶

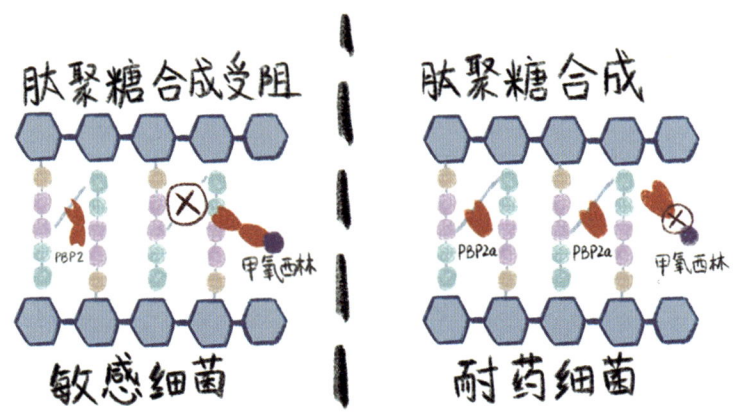

▲ 改变靶标让抗生素失去作用

❶ HACKBARTH C J，KOCAGOZ T，KOCAGOZ S，et al. Point Mutations in *Staphylococcus Aureus* PBP 2 Gene Affect Penicillin-binding Kinetics and are Associated with Resistance [J]. Antimicrob Agents Chemother，1995，39（1）：103-106.

在这场战斗中，细菌暴露在外的抗生素结合位点就是其弱点。细菌通过在抗生素的靶标上添加部分结构以保护靶标为其弱点穿上盔甲，从而抵御抗生素的进攻。这一装备在大环内酯类抗生素耐药机制中尤为突出，其中23S rRNA❶靶标可以通过核糖体甲基转移酶❷甲基化而受到保护，让大环内酯类抗生素无法识别这一靶标，这类耐药机制使得细菌对抗生素产生高水平的耐药性。❸

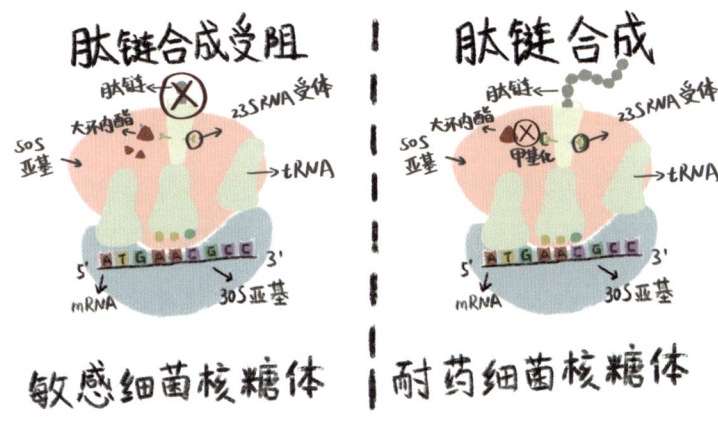

▲ 修饰靶点的耐药机制

在这场微观的战争中，细菌与抗生素之间的对抗仍在持续。通过深入地了解细菌的这些耐药机制，我们能够更好地理解这场战争的本质，为未来抗生素研发和治疗提供更有效的方案。

❶ 23S rRNA 是一种细菌核糖体 RNA。

❷ 核糖体甲基转移酶是一种修饰核糖体的酶。

❸ WEISBLUM B. Erythromycin Resistance by Ribosome Modification [J]. Antimicrob Agents Chemother, 1995，39（3）：577-585.

Tips: 耐药性也是把"双刃剑"

事物都具有两面性，尽管细菌耐药性能够使细菌存活下来，但它给细菌带来的并不完全是"好处"。细菌通常通过基因突变或水平基因转移等方式获得抗生素耐药性，但这通常伴随着细菌自身其他生存特性的损失。在获得一些耐药性的同时，耐药细菌的生长速度、竞争能力和复制能力等方面通常会受到影响，相对于敏感株来说，它们可能生长得更慢、繁殖效率下降或产生更多代谢产物。例如，携带黏菌素耐药基因mcr-1的大肠埃希菌为了抵抗黏菌素的杀灭作用，对其自身的细胞膜进行修饰，因此导致其外膜的通透性更大，一些去垢剂更容易进入细菌体内杀灭它。[1]

另外，细菌在进化出对抗菌药物耐药性的同时，难免产生适应性代价从而对其他一种或几种抗菌药物更加敏感，这种现象被称为交互敏感。例如，中国农业大学沈建忠团队和浙江大学医学院附属第二医院检验科张嵘团队揭示了万古霉素耐药屎肠球菌（*Enterococcus faecium*）对截短侧耳素类抗生素存在交互敏感现象，这种现象使得截短侧耳素类药物，特别是来法莫林成为治疗万古霉素耐药屎肠球菌感染的有效药物。因此，细菌耐药性给细菌带来的并非全是"好处"。[2]

---

[1] FENG S, LIANG W, LI J, et al. MCR-1-dependent Lipid Remodelling Compromises the Viability of Gram-negative Bacteria [J]. Emerg Microbes Infect, 2022, 11（1）: 1236-1249.

[2] LI Q, CHEN S, ZHU K, et al. Collateral Sensitivity to Pleuromutilins in Vancomycin-resistant *Enterococcus Faecium* [J]. Nature Communications, 2022, 13（1）: 1888.

31. 耐药·缘起

　　"起源"与"终结"一直以来都是人们所追求的答案。目前耐药细菌感染造成的严重后果使人们对它的关注度日益提升，人们不禁疑惑，耐药是如何产生的呢?

　　起初，大多数学者认为病原体的耐药性是由近现代临床过量使用抗生素所致，细菌在充满抗生素的战场中被迫进化出针对性的武器用以维系生存，即没有抗生素就没有耐药性。然而令人意外的是，在人们尚未使用抗生素的古老时代，环境中就已经存在部分细菌具有对抗生素的耐药性，自然界的丰富储备给傲慢的人类狠狠地上了一课。2022年，欧洲的一些科研人员从野生刺猬的身上分离了大量的耐甲氧西林金黄色葡萄球菌（methicillin-resistant *Staphylococcus aureus*，MRSA)，这种细菌恶名远扬，每年仅在欧洲就造成约17万例感染。MRSA对青霉素和头孢菌素等β-内酰胺类抗生素高水平耐药，耐药性主要由*mecA*和*mecC*两种基因介导，而携带*mecC*的MRSA在瑞典野生刺猬中的分离率高达64%，在其他3个不相邻国家的刺猬中均有分布，科研人员们由此推断刺猬可能是*mecC*-MRSA的天然储存库，人类和牲畜通过直接接触刺猬感染MRSA。此外，科研人员们还发现，刺猬皮肤表面的毛藓菌可以产生两种β-内酰胺类抗生素，MRSA与其相接触，不断适应，共同

▲ 携带MRSA的刺猬

进化，他们认为刺猬源MRSA是金黄色葡萄球菌与皮肤真菌共同进化、适应的结果。经过系统发育分析❶，发现其中3个种系来源于130~200年前，比β-内酰胺类抗生素的使用早了近百年。❷这进一步说明，细菌耐药性可能出现在抗生素使用之前。

剑锋所指之处，诅咒必将如影随形。抗生素杀死了疾病元凶，拯救了患者生命，但也筛选了更强的魑魅。青霉素这类β-内酰胺类抗生素是最早应用于临床治疗的药物之一，它在抵抗细菌的同时，对青霉素耐药的细菌也随之浮现。前文中提到过，早在20世纪，人们尝试提纯青霉素时，就发现一些细菌能产生降解青霉素的酶——β-内酰胺酶。❸科研人员为了对抗这些携带"重型武器"的细菌，研发了一系列可以耐受β-内酰胺酶的抗生素，碳青霉烯类抗生素就是其中的"佼佼者"。默沙东公司于1979年研发出来的亚胺培南是最早运用于临床的碳青霉烯类抗生素。❹由于这类药物的良好药效和低毒性，一个又一个

❶ 系统发育分析是一种通过比较不同生物体的形态、生理、分子生物学等特征，以了解它们之间演化关系的方法。

❷ LARSEN J，RAISEN C L，BA X，et al. Emergence of Methicillin Resistance Predates the Clinical use of Antibiotics [J]. Nature，2022，602（7895）：135-141.

❸ ABRAHAM E P，CHAIN E. An enzyme from bacteria able to destroy penicillin [J]. Nature，1940，146（3713）：837-837.

❹ BIRNBAUM J，KAHAN F M，KROPP H，et al. Carbapenems，A New Class of Beta-lactam Antibiotics. Discovery and Development of Imipenem/Cilastatin [J]. Am J Med，1985，78（6a）：3-21.

的碳青霉烯类抗生素如雨后春笋般涌现，人们将这些可以对抗耐药细菌的抗菌药物设为"最后一道防线"药物，不到迫不得已不会使用。但就算如此，还是有不少身负武装的细菌能绕过这一道防线。2007年，英国牛津大学蒂莫西·拉特兰·沃尔什（Timothy Rutland Walsh）团队在印度分离到一株多重耐药肺炎克雷伯菌，后续研究人员发现该菌能表达一种可以降解包括碳青霉烯类在内的多种β-内酰胺类抗生素的酶——新德里金属β-内酰胺酶-1（NDM-1）。[1] "最后一道防线"被细菌打破：对大多数革兰阴性菌有抑制作用，对许多肠杆菌科细菌所致感染具有较好疗效的多肽类抗生素——多黏菌素及大肠埃希菌等肠杆菌科细菌较少出现对它的耐药性，但有越来越多的研究人员发现耐碳青霉烯类革兰阴性杆菌对多黏菌素也能产生耐药性。此外，中国农业大学沈建忠院士和华南农业大学刘健华教授联合团队发现了一种名为*mcr-1*的耐药基因会通过质粒在细菌间传递多黏菌素耐药性，这无异于是在细菌间分发"武器"。[2] 另一种"最后防线"药物——替加环素，是甘氨酰四环素类中的首个药品，对MRSA也有抗菌活性。在世界范围内，也有越来越多关于这类药物的耐药性报道。中国农业大学沈建忠院士团队和华南农业大学刘雅红、刘健华教授团队纷纷发现细菌又开始对它们的同伴发放针对替加环素的"武器"：新型四环素灭活酶tet（X）直系同源物和名为tmexCD1-toprJ1的

[1] YONG D，TOLEMAN M A，GISKE C G，et al. Characterization of a New Metallo-beta-lactamase Gene，Bla（NDM-1），and a Novel Erythromycin Esterase Gene Carried on a Unique Genetic Structure in *Klebsiella Pneumoniae* Sequence Type 14 from India [J]. Antimicrob Agents Chemother，2009，53（12）：5046-5054.

[2] LIU Y Y，WANG Y，WALSH T R，et al. Emergence of Plasmid-mediated Colistin Resistance Mechanism MCR-1 in Animals and Human Beings in China：A Microbiological and Molecular Biological Study [J]. Lancet Infect Dis，2016，16（2）：161-168.

外排泵都能通过质粒在细菌间传播。❶❷这些"最后防线"的使用都受到严格的控制，以防耐药性的加剧，这无疑增加了医疗成本，给大多数国家造成负担。与此同时，一支由欧美国家的研究员与临床医生组成的国际团队在尼日利亚、坦桑尼亚和马拉维展开了一项大规模的临床试验。他们给5岁以下儿童提供了预防性剂量的阿奇霉素，共有9.7万名儿童每6个月会收到药物，另外9.3万名儿童则收到安慰剂作为对照。研究的结果相当惊人，服用阿奇霉素的儿童组死亡率要比对照组低18%，6个月以下儿童的死亡率更是降低了25%，预防性服用阿奇霉素能够拯救贫穷国家儿童脆弱的生命。❸

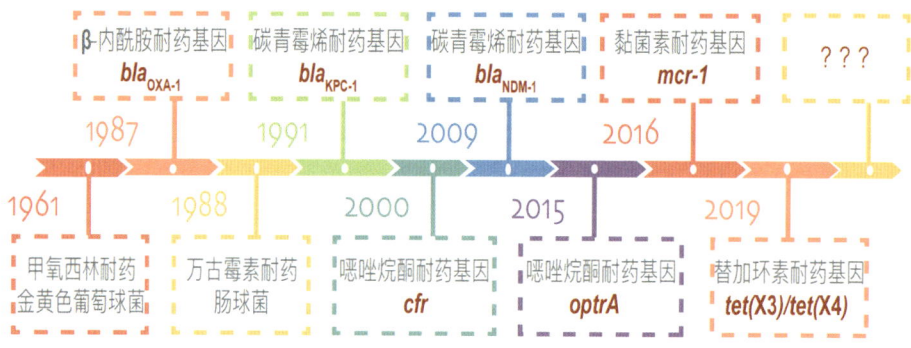

▲ 后抗生素时代，耐药细菌或耐药基因发现时间

❶ LV L，WAN M，WANG C，et al. Emergence of a plasmid-encoded resistance-nodulation-division efflux pump conferring resistance to multiple drugs，including tigecycline，in *Klebsiella Pneumoniae* [J]. mBio，2020，11（2）：19.

❷ HE T，WANG R，LIU D，et al. Emergence of Plasmid-mediated High-level Tigecycline Resistance Genes in Animals and Humans [J]. Nat Microbiol，2019，4（9）：1450-1456.

❸ KEENAN J D，BAILEY R L，WEST S K，et al. Azithromycin to reduce childhood mortality in Sub-Saharan Africa [J]. N Engl J Med，2018，378（17）：1583-1592.

　　这项研究引起了人们热烈的讨论，将强效抗生素作为预防性药物使用这无疑可以拯救生命，人们欣喜万分的同时又愤怒不已，因为全球耐药性可能会毁掉那些将这种药物视作最后希望和救命稻草的人群。任何一种药物长期广泛地低剂量使用，在杀死了它所能杀死的所有细菌后，将迎来存活细菌的疯狂报复。从耐药起源方面分析，敏感菌与耐药菌共同生存的环境中，敏感菌被抗生素杀死，耐药菌就能获得更多的养料资源与生长空间，从而更好地生长。此时又会需要新的抗生素制衡，再次重复敏感菌与耐药菌这一循环。低剂量预防性用药可以降低医疗成本，短期内大范围地拯救生命，而精准治疗花费高昂，却可在一定程度上抑制耐药性的传播，为全球防控作出贡献。在"One Health"的理念下，为了维护人类共同的家园，大国担当显得尤为重要。

Tips："狡猾"的耐药细菌

虽然人们极力用针对性的抗生素来治疗耐药细菌的感染，但有些"狡猾"的耐药细菌并不是一次性就能够被我们打败的。细菌这些微小的个体都是聚集成群体生存，在一些群体中，存在一些"异类"：虽然这个群体中大部分细菌对某类抗菌药物表现敏感，但这些"异类"却表现耐药，人们把这种现象称为异质性耐药（heteroresistance），这时便称该"异类"细菌为这种药物的异质性耐药菌株。细菌的异质性耐药为评估药物对细菌感染的治疗效果带来了很大困难。例如，医生虽然鉴定临床分离的细菌对青霉素表现敏感，可以用这类药物进行治疗，但群体中异质性耐药菌株的存在可能会让这些细菌"死灰复燃"，影响青霉素的药效。

在细菌这个大群体中，还有一些细菌可以在致死浓度的抗生素压力下，产生应激而进入休眠状态，躲避抗生素的杀伤。然而这种耐受抗生素的能力并不具备可遗传性，在抗生素压力降低或者去除时进入休眠的细菌便可正常生长并恢复对抗生素的敏感性。人们一般将这些细菌称为持留菌（persisters）。从字面意思便可知，这些菌会持留在人体中，很难被抗生素清除。

虽然这些耐药细菌利用不同手段试图在人类身体中长久地生存下去，但科学家们还是希望通过了解这些细菌对抗抗生素的手段，从中找寻弱点，攻破细菌的防线。

32. 夜幕将至——耐药军团来势汹汹

提到"超级细菌"你会想到什么？MRSA？最恐怖的细菌？全球大流行？一旦感染必死无疑……总之，将所有极端危险的形容词用在它身上都不为过。

如果你有勇气踏入医院的重症监护室，你可能会目睹一群生不如死的患者。他们有的恶心呕吐，有的伤口流脓，有的高热不退、全身颤抖，还有的呼吸困难，仿佛死神已经抓住了他们的喉咙。医生们用尽了目前所有的抗生素，但却无法抵挡这些超级细菌的侵袭。传统的抗生素在这些细菌面前无能为力，而所谓的"最后一道防线药物"成了他们唯一的生存希望。每一天，都有患者在极度痛苦中挣扎，他们的身体被超级细菌一点点吞噬，他们的生命在医生和护士们的努力与无奈中渐渐消逝。这些超级细菌的入侵，让医院不再是治愈疾病的地方，而成为了生命的角斗场。而你，我，我们每一个人，都可能成为这些超级细菌的目标，它们无孔不入，无处不在。

人们与超级细菌的邂逅，是在被誉为"神奇药物"的抗生素问世不久后。1961年，英国科学家杰文斯（Jevons）正致力于研究一种新型的抗生素——甲氧西林（一种耐青霉素酶的青霉素）。这种抗生素对于治疗金黄色葡萄球菌感染具有独特的疗效，尤其是对于那些对青霉素产生耐药的细菌。

然而，实验中他发现某些金黄色葡萄球菌菌株对甲氧西林也有耐药性，这引发了他浓厚的兴趣，并将它们命名为耐甲氧西林金黄色葡萄球菌（MRSA），也就是人们最初认识的"超级细菌"。[1]这一重大发现一经报道，便给那些抱有"总能够找到一种对细菌有效的抗生素"这种侥幸心理的人们带来了沉重一击。从此医学界真切地认识到，未来或许有一天，人们将面临无药可用的绝境。杰文斯的发现犹如在湖面上投入一颗石子，泛起层层涟漪。此后，MRSA以惊人的速度在全球范围内广泛传播，医院成为其主要的攻击目标，这种在医院中感染的MRSA被科学家们称为医院获得性MRSA。[2]

1992年，格拉布（Grubb）的团队的越野车驶入了西澳大利亚遥远北端的偏僻原住民地区，这次行程成为他重大发现的起点。格拉布的实验室是MRSA的筛查中心，一直驻扎在距这个居住点3200千米之外的珀斯。让他们感到惊讶的是，从这里收到的菌株与之前任何一株都不同。要知道，当时的格拉布团队拥有全澳大利亚最好的MRSA数据库之一，这也就意味着这个与世隔绝的地方存在着一种新型MRSA菌株！随后格拉布团队为证实自己的猜想，几乎踏遍了全州的偏远地区，最终得到了一个颠覆性的坏消息：医院不是产生MRSA的唯一来源——MRSA也有可能来自社区。[3]但更令人感到胆战心惊的是，MRSA似乎不只是感染人。1972年，一种新型菌株——家畜相关MRSA就已经从一例奶牛乳房炎病例中被分离出来，但是并没有引起人们

[1] ERIKSEN K R. "Celbenin" - Resistant *Staphylococci* [J]. Ugeskr Laeger，1961，123：384-386.

[2] LEE A S，DE LENCASTRE H，GARAU J，et al. Methicillin-resistant *Staphylococcus aureus* [J]. Nat Rev Dis Primers，2018，4：18033.

[3] OKUMA K，IWAKAWA K，TURNIDGE J D，et al. Dissemination of New Methicillin-resistant *Staphylococcus aureus* Clones in the Community [J]. J Clin Microbiol，2002，40（11）：4289-4294.

的重视。❶直到30多年之后的2005年，从荷兰一位普通居民身体中再一次分离得到了它。这次看似普通的感染却引发了一场不普通的流行，因为这种菌株在当地养殖场的人和动物中广泛传播。❷科学家们也才第一次认识到家畜相关MRSA是一种人畜共患病原菌。

随后MRSA在世界范围内的流行持续不断。来自美国的一项研究发现，在1999—2005年这6年时间内，MRSA相关住院率增加了60%以上。1999年，美国MRSA相关住院病例不到13万例，但过了6年后，这个数字竟增加到接近28万例。❸虽然人们极力控制MRSA的感染率，但是仅2011年一年，美国疾病控制与预防中心依然收到8万多份MRSA感染病例。❹美国疾病控制与预防中心估计每年有超过1万例社区获得性MRSA感染病例，其中许多病例是在体育赛事或音乐会等活动中被感染的，医院和社区仍是最主要的感染获得来源之一。❺

然而"超级细菌"只是一个总称，所有对多种抗生素耐药的细菌都能够成为"超级细菌"。近年来，人们已经看到了多种超级细菌的涌现：耐多药

❶ DEVRIESE L A，VAN DAMME L R，FAMEREE L. Methicillin（cloxacillin）- Resistant *Staphylococcus aureus* Strains Isolated from Bovine Mastitis Cases [J]. Zentralbl Veterinarmed B，1972，19（7）：598-605.

❷ VOSS A，LOEFFEN F，BAKKER J，et al. Methicillin-Resistant *Staphylococcus aureus* in Pig Farming [J]. Emerg Infect Dis，2005，11（12）：1965-1966.

❸ KLEIN E，SMITH D L，LAXMINARAYAN R. Hospitalizations and Deaths Caused by Methicillin-resistant *Staphylococcus aureus*，United States，1999—2005 [J]. Emerg Infect Dis，2007，13（12）：1840-1846.

❹ DANTES R，MU Y，BELFLOWER R，et al. National Burden of Invasive Methicillin-resistant *Staphylococcus aureus* Infections，United States，2011 [J]. JAMA Intern Med，2013，173（21）：1970-1978.

❺ KLEVENS R M，MORRISON M A，NADLE J，et al. Invasive Methicillin-resistant *Staphylococcus aureus* Infections in the United States [J]. JAMA，2007，298（15）：1763-1771.

肺炎链球菌（multidrug-resistant *Streptococcus pneumoniae*，MDRSP）、耐万古霉素肠球菌（vancomycin-resistant *Enterococcus*，VRE）、多重耐药性结核杆菌（multidrug-resistant *tuberculosis*，MDR-TB）、多重耐药鲍曼不动杆菌（multidrug resistant *Acinetobacter baumannii*，MRAB）及耐碳青霉烯类肺炎克雷伯菌（carbapenem-resistant *Klebsiella pneumoniae*）。[1]这些超级细菌的出现使得抗生素的处境愈发艰难，其就像一群突破抗生素防线的"突击队"，让原本对细菌高度敏感的"最后一道防线"——抗生素筑起的城墙变得岌岌可危。

然而，超级细菌只是人类众多"敌人"当中最难对付的一群。他们还有许多麾下士卒，比如一些只对一种或一类药物敏感的细菌，它们数量巨大、种类庞杂，再加上全球化的进程日益深化，加速了耐药细菌的传播，世界各地都面临着耐药危机。事实上，仅2019年一年抗生素耐药性感染导致全球约127万人直接死亡，还有约495万人间接死亡，这个数字比获得性免疫缺陷综合征（简称艾滋病）和疟疾导致的死亡人数还要多。[2]更为严重的是，根据联合国发表的题为《防范超级细菌》的报告，到2050年，预计每年因抗生素耐药性而死亡的人数将达到1000万。[3]世界卫生组织已经把抗微生物药物耐药性（antimicrobial resistance，AMR）列为最主要公共卫生威胁之一。[4]

---

[1] MAGIORAKOS A P，SRINIVASAN A，CAREY R B，et al. Multidrug-resistant，Extensively Drug-resistant and Pandrug-resistant Bacteria：An International Expert Proposal for Interim Standard Definitions for Acquired Cesistance [J]. Clin Microbiol Infect，2012，18（3）：268-281.

[2] Global Burden of Bacterial Antimicrobial Resistance in 2019：A Systematic Analysis [J]. Lancet，2022，399（10325）：629-655.

[3] O'Neill J. Tackling Drug-resistant Infections Globally：Final Report and Recommendations [R]. London：The Review on Antimicrobial Resistance，2016.

[4] WHO. Antimicrobial Resistance [EB/OL].（2024-09-25）. https://www.who.int/health-topics/antimicrobial-resistance.

夜幕即将降临，耐药军团倾巢出动，肆意侵袭，一场艰苦卓绝的战斗即将打响。这场与耐药菌的较量，既是对人类智慧和毅力的考验，也是对全球公共卫生系统的一次严峻挑战。

Tips：为什么超级细菌会引起全球大流行？——耐药基因的传播

超级细菌的全球大流行，主要是由于耐药基因的传播造成的。耐药基因，顾名思义，是细菌产生的对抗抗生素的基因。这些基因的存在使得细菌能够抵御抗生素的杀灭作用，从而在抗生素治疗中存活下来并继续繁殖。细菌通常通过两种方式将它具有的耐药基因传播给同伴——水平传播和垂直传播。

水平传播是指细菌在不同个体之间的传播。当一种携带耐药基因的细菌与另一种细菌接触时，耐药基因可以通过质粒和转座子❶等可移动遗传元件从一方传递给另一方。例如，超级细菌中的多重耐药（multi-drug resistance，MDR）基因和广泛耐药（extensively drug resistant，XDR）基因等，都可以通过水平传播方式传递给其他细菌，扩大了超级细菌的传播范围。

垂直传播则是指细菌在亲代和子代之间的传播。当一种母细菌携带耐药基因时，其后代也会继承这个基因，如 β-内酰胺酶基因等。大多数细菌20~30分钟就能繁殖一代，导致携带耐药基因的细菌数量大量增加。这种传播方式进一步加剧了超级细菌的传播。

---

❶ 转座子是一类可进行自主复制并能在 DNA 序列中进行跳跃的移动元件。

此外，人类活动如医疗、农业、畜牧业等领域的抗生素滥用，也为超级细菌的传播提供了有利条件。因此，控制抗生素滥用、减少耐药基因的垂直和水平传播是遏制超级细菌全球大流行的关键措施。

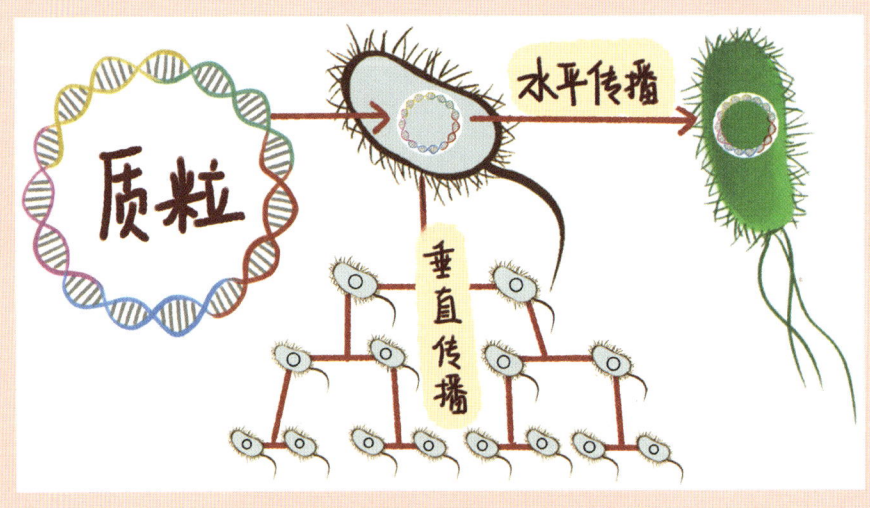

▲ 细菌的水平传播和垂直传播

探索新境

——与耐药细菌的攻坚战

33. "安全之眼"：耐药细菌监测网

耐药菌团的发展虽然迅猛，但是也非一蹴而就。在面对这一挑战的过程中，人类也做了大量的努力和探索，以应对来势汹汹的耐药菌团。

1986年，耐药菌团又添一员猛将，就是万古霉素耐药肠球菌（vancomycin-resistant *Enterococcus*，VRE），它的出现让作为当时治疗多重耐药革兰阳性菌严重感染的"最后一道防线"被攻破。对此，瑞典政府在震惊之余迅速作出了响应——禁止抗生素作为促生长剂在饲料中使用。然而，这仅仅是一个开端。7年后，欧洲其他国家也在食品动物中发现VRE的踪迹，科学家们开始寻找这个"超级耐药菌"的起源，最终他们怀疑用来促进动物生长的抗菌药物阿伏帕星❶的使用可能是这一切罪恶的开始。这一情况也让当时养猪业非常发达的丹麦人民开始意识到，自家养猪业的迅猛发展可能隐藏着一场悄悄的危机，公众的不安情绪蔓延开来。此时，丹麦政府作出了一项令人瞩目的决策：为全国成立一个特别的研究项目——丹麦抗微生物药物耐药性综合监测和研究计划（Danish Integrated Antimicrobial Resistance Monitoring

---

❶ 兽用阿伏帕星与人用的万古霉素同为糖肽类抗菌药，曾在欧洲被广泛用作饲料添加剂。

and Research Programme，DANMAP）。❶你可以把DANMAP想象成一个监测耐药菌团的"天眼"系统，它不仅可以对人、动物和食品等来源的细菌的耐药情况进行监测，更可深入挖掘养殖业中抗生素的使用与细菌耐药性之间的微妙联系。DANMAP是人类历史上第一个真正意义上监测耐药菌团动向的"天眼"系统，为全球提供了宝贵的经验。随后，耐药监测的"天眼"系统如雨后春笋般迅速涌现，遍布全球各地。❷

1995—2003年，欧洲这片充满活力的大陆在DANMAP的启迪下，犹如蒲公英的种子在微风中飘散，绽放出一片璀璨夺目的耐药性监测"科学花园"。从瑞典兽用抗菌药耐药性监测系统（Swedish Veterinary Antimicrobial Resistance Monitoring，SVARM）、挪威的兽用抗菌药和食品生产领域耐药性监测系统（Norwegian Veterinary Institute，NORM-VET），到欧盟的欧洲食品安全管理局和欧洲兽用抗菌药消耗监测（European School for Advanced Veterinary Studies，ESAVS），这些都彰显了欧洲人民和领导者们对抗耐药菌团，捍卫公众健康和食品安全的决心。与此同时，美国也在这场耐药战争中站了出来。1996年，面对鼠伤寒沙门氏菌DT104、氟喹诺酮类耐药弯曲杆菌等"耐药大军"，美国疾病控制与预防中心、美国农业部和FDA合力打造了国家耐药性监测系统（National Antimicrobial Resistance Monitoring System for

---

❶ HAMMERUM A M，HEUER O E，EMBORG H D，et al. Danish Integrated Antimicrobial Resistance Monitoring and Research Program [J]. Emerg Infect Dis，2007，13（11）：1632-1639.

❷ 全球细菌耐药性检测网名称和建立时间：丹麦（DANMAP，1995）、芬兰（FINRES，2002）、美国（NARMS，1996）、西班牙（VAV，1997）、法国（ONERBA，1997）、韩国（KONSAR，1997）、日本（JVARM，1999）、挪威（NORM-VET，1999）、瑞典（SVARM，2000）、澳大利亚（DAFF，2000）、加拿大（CIPARS，2002）、荷兰（MARAN，2002）、意大利（ITAVARM，2003）、中国（CHINET，2004；CARSS，2012；CARPet，2021）。

Enteric Bacteria，NARMS）。❶ NARMS 时刻关注着美国人、动物、食品上的耐药状况和抗菌药物的消耗情况，并在此基础对相关干预策略的有效性进行系统评估。

不可否认，亚洲的韩国和日本也在这场全球性的耐药挑战中发挥了积极的作用。1997 年和 1999 年，他们也各自建立了本国的耐药性监测网，即韩国国家细菌耐药性监测（Korean Nationwide Surveillance on Antimicrobial Resistance，KONSAR）和日本兽用抗菌药监控系统（Japanese Veterinary Antimicrobial Resistance Monitoring System，JVARM），为亚洲地区铺设了耐药监测的坚实基石。

当然，中国也在这场全球性的公共健康战役中坚定前行，不断向前。2004 年，汪复教授和医疗机构的其他专家们联手创建了"中国细菌耐药监测网"❷（China Antimicrobial Surveillance Network，CHINET）。紧接着，原卫生部在 2005 年和 2012 年分别推出了"两网"❸ 和全国细菌耐药监测网（China Antimicrobial Resistance Surveillance System，CARSS），这无疑为中国的耐药性监测打下了坚实的基础。如今，每当我们谈及 CARSS，就仿佛看到了一个大家庭，它覆盖了全国 31 个省份的 1412 所医疗机构，共同监测、研究并编写关于细菌耐药性的年度报告。

2008 年，我国原农业部犹如一位前瞻的守望者，果断打开了动物源细菌耐药性检测的大门，弥补了"两网"在养殖动物耐药性上的空白。随后，宠物热潮的风暴中，那些可爱的"小伙伴"身上的细菌耐药性成了大家关注的

---

❶ 马苏，沈建忠 . 动物源细菌耐药性监测国内外比较 [J]. 中国兽医杂志，2016，52（9）：121-123.

❷ https：//www.chinets.com/。

❸ 两网指"抗菌药物临床应用监测网"和"细菌耐药监测网"。

焦点。2021年，中国农业大学兽药安全评价中心和教学动物医院联袂宠物医疗精英们，共同打造了中国宠物源细菌耐药监测网（China Antimicrobial Resistance Surveillance Network for Pets，CARPet）。❶ CARPet的诞生如同一道清泉，为我们揭示了宠物细菌耐药性的真相，同时为宠物医疗的未来描绘了光明的前景。

耐药性监测"天眼"系统不只是盯着耐药菌的动态，更是一个数据"魔法师"。它们不知疲倦地搜罗和解读各种信息，一旦察觉到耐药菌团的小小异变，立即闪出"警报"，并指导我方及时调整自己的作战战术！想象一下，当我们地球村的"天眼"系统升级得更强大时，耐药菌团的每一个动作，我们都能够洞悉、应对，如此才能保证我们在这场"人–菌"大战中立于不败之地。

❶ MA S，CHEN S、LYU Y，et al. China Antimicrobial Resistance Surveillance Network for Pets（CARPet），2018 to 2021 [J]. One Health Advances，2023，1（1）：7.

Tips：耐药性监测网都在做些什么？

虽然监测网与监控摄像一样做着"安全之眼"的工作，但它们的具体工作内容却天差地别。耐药性监测网的工作主要包括以下几个方面：

（1）监测耐药性传播：监测细菌对抗生素等药物的耐药性传播情况。这有助于了解不同类型的耐药性细菌在社区、医疗机构和农业等领域的传播途径，以采取有针对性的防控措施。

（2）数据收集和分析：收集、整理和分析与细菌耐药性相关的数据。这些数据包括患者的临床信息和细菌分离株的药敏试验结果等。通过数据分析，可以及时发现和评估不同地区和群体中的耐药性问题。

（3）发布警报和建议：在发现耐药性问题可能暴发时，负责向医疗机构、社区、公众和政府发布警报，并提供建议和指导合理使用抗生素，以帮助应对和控制耐药性传播。

（4）合作与科学研究：与国内外的医疗机构、研究机构和国际组织合作，分享数据、研究成果和最佳实践经验，共同应对全球范围内的耐药性挑战。

（5）教育与宣传：为了提高公众和医疗从业人员的意识，需要进行教育和宣传活动，介绍正确使用抗生素的方法，以及如何预防和减缓细菌耐药性的发展。

这些功能有助于制定科学合理的防控策略，减缓耐药性的蔓延，确保人类和动物在面对感染时仍能够有效利用药物治疗。需要注意的是，不同国家和地区的耐药性监测网的具体职能和组织结构可能有所不同。

34. 点亮未来的抗生素管理之路

面对来势汹汹的耐药菌团，地球村的众多"部落"们可不会坐以待毙！它们不仅如火如荼地升级和完善耐药监测"天眼"系统，还在该系统指引下制定了一系列进可攻、退可守的战略和战术。

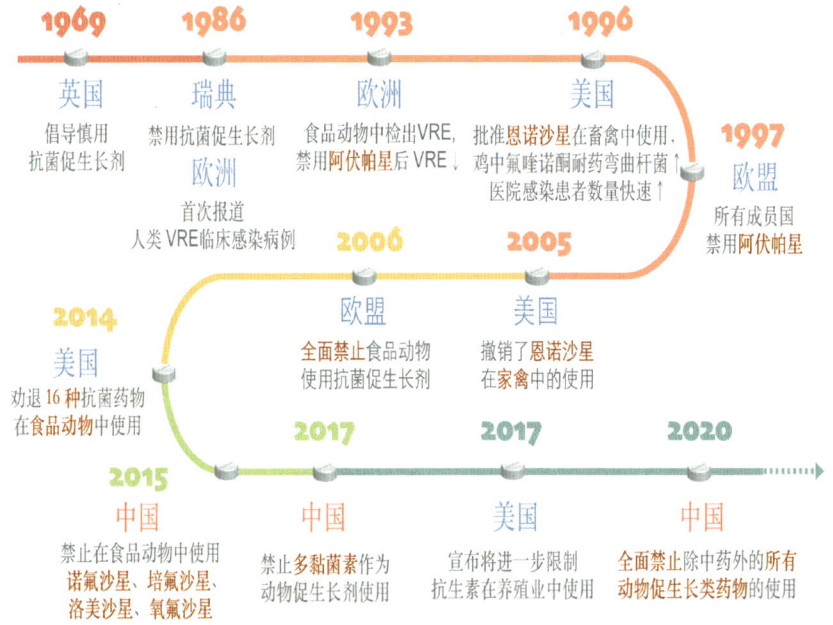

1969 英国
倡导慎用抗菌促生长剂

1986 瑞典
禁用抗菌促生长剂

欧洲
首次报道人类VRE临床感染病例

1993 欧洲
食品动物中检出VRE，禁用阿伏帕星后VRE↓

1996 美国
批准恩诺沙星在畜禽中使用，鸡中氟喹诺酮耐药弯曲杆菌医院感染患者数量快速↑

1997 欧盟
所有成员国禁用阿伏帕星

2005 美国
撤销了恩诺沙星在家禽中的使用

2006 欧盟
全面禁止食品动物使用抗菌促生长剂

2014 美国
劝退16种抗菌药物在食品动物中使用

2015 中国
禁止在食品动物中使用诺氟沙星、培氟沙星、洛美沙星、氧氟沙星

2017 中国
禁止多黏菌素作为动物促生长剂使用

2017 美国
宣布将进一步限制抗生素在养殖业中使用

2020 中国
全面禁止除中药外的所有动物促生长类药物的使用

▲ 世界各国限制抗生素使用的政策推出时间

在耐药监测"天眼"系统登场之前，科学家们已经在默默地关注着细菌耐药性的变化。英国的安德森（Anderson）团队是这场大战中的关键人物。他们于1960年对鼠伤寒沙门氏菌的耐药情况进行了深入的调查。令人震惊的是，29种鼠伤寒沙门氏菌耐药菌株的耐药率在短短一年的时间里就由16.7%升高至59.8%。更让人担忧的是，这些菌株从最初的敏感株迅速发展为多重耐药菌。1963年，团队发现对磺胺类药物和链霉素都耐药的菌株。1964年初检测到细菌出现四环素耐药性。到1964年6月，大多数菌株对以上三种药物都有耐药性，不久后还出现了对氨苄青霉素耐药的菌株。[1]这一事实让科学家们意识到使用抗菌促生长剂的潜在风险，并在著名的《斯旺报告》[2]中提出了慎用抗菌促生长剂的倡议。

1986年，随着VRE的初次亮相，瑞典迅速作出反应，立即禁用了抗菌促生长剂。但在那时，这一发现还未引起欧洲其他国家的广泛警觉。然而，随着时间的推移，到了1993年，当VRE在食品动物中开始出现并迅速扩散时，科学家们推测这可能是养殖动物上使用阿伏帕星的后果。[3]这一发现催生了人类历史上首个耐药监测"天眼"系统——DANMAP的诞生。随后在1997年，在欧洲各国的耐药监测网络支持下，欧盟的所有成员国均停止使用阿伏帕星，随后的监测数据显示，VRE在动物中的流行率显著降低，如丹麦在禁

---

[1] ANDERSON E S. Influence of the Delta Transfer Factor on the Phage Sensitivity of *Salmonellae* [J]. Nature，1966，212（5064）：795-799.

[2] 1969年，英国畜牧业与兽医药业使用抗生素联合调查委员会出版《关于畜牧业和兽医行业中抗生素使用的联合委员会报告》，简称《斯旺委员会报告》或《斯旺报告》。

[3] KLARE I，HEIER H，CLAUS H，et al. Enterococcus Faecium Strains with *vanA*-mediated High-level Glycopeptide Resistance Isolated from Animal Foodstuffs and Fecal Samples of Humans in the Community [J]. Microb Drug Resist，1995，1（3）：265-272.

▲ 禁用饲料抗生素

用阿伏帕星后的10年间，猪、鸡源VRE的流行率就降低了90%。❶

新世纪伊始，随着地球村细菌耐药监测"天眼"系统日渐成熟，一个全球性的浪潮席卷而来：各国纷纷宣布禁止使用抗菌促生长剂，为公共健康保驾护航。继瑞典之后，2000年，丹麦在畜禽饲料中全面禁用抗生素。1999年，欧盟宣布，从1999年7月到2006年1月1日，饲料中仅允许使用4种抗生素产品：莫能菌素、盐霉素、黄霉素和阿维拉霉素。6年后，又从法律层面上全面禁止抗生素在饲料中的使用。2011年，韩国也宣布了饲料抗生素禁用的通知。❷

美国从2005年开始也对多种抗生素的使用进行了限制。回顾1996年，美国食品药品监督管理局给恩诺沙星在养殖动物中的使用出具了"绿卡"。随后，鸡体内的氟喹诺酮类耐药弯曲杆菌如"野火"般迅速蔓延。更糟糕的是，这种耐药性也开始进入医院，使得本就脆弱的患者面临更大的健康风险。看到这种情况，美国决定"按下暂停键"。到了2005年，恩诺沙星在家禽养殖中的使用被彻底叫停，但这只是开始。9年后，美国再次挥舞"魔法棒"，这次是16种抗菌药物在食品动物中的告别演出。而到了2017年，美国

❶ MCEWEN S A, COLLIGNON P J. Antimicrobial resistance : A one health perspective [J]. Microbiol Spectr, 2018, 6（2）: 1128.

❷ 王湘如，赵月，冯家伟，等 . 欧盟禁用饲料药物添加剂的历史和法规 [J]. 中国兽药杂志，2019，53（6）: 72-79.

不仅收紧了抗生素的使用标准，还开始对养殖业进行更为严格的监管，为公共健康筑起了坚实的防线。❶

新的时代，我国在面对微生物耐药问题上，同样展现出了前所未有的决心和行动力。2013年，原农业部推出了《兽用处方药和非处方药管理方法》，明确规定抗菌药物必须处方管理。2015年，原农业部下令从2016年1月1日起，彻底禁止在食品动物中使用诺氟沙星、培氟沙星、洛美沙星和氧氟沙星4种抗菌药。同年，沈建忠院士和刘健华教授联合团队首次报道了质粒介导的黏菌素耐药基因mcr-1❷，这一重大发现为原农业部停止黏菌素促动物生长的决策提供了科学依据。❸随后，各国也相继颁布畜牧业黏菌素禁用令来降低黏菌素耐药菌的流行率。

2018年，农业农村部再出重拳，发布了《兽用抗菌药使用减量化行动试点工作方案（2018—2021年)》，强化了对饲料中抗生素的管控力度。2019年，农业农村部进一步强化政策，决定将所有非中药的促生长抗生素从市场上撤下，确保动物饲料的安全与健康。2020年6月，农业农村部颁布307号公告，对自配饲料中添加抗菌药物作出强制规定。2021年10月，农业农村部推出了《全国兽用抗菌药使用减量化行动方案（2021—2025年)》，旨在坚决遏制动物源细菌耐药性的蔓延，争取到2025年年底，让超过一半的大型养殖场加入到养殖减抗的行列。

❶ 朱留宝，林少武，刘跃华 . 美国应对抗生素耐药性问题的国家治理战略及对我国的启示 [J]. 中国药物经济学，2018，13（9）：117-121.

❷ LIU Y Y，WANG Y，WALSH T R，et al. Emergence of Plasmid-mediated Colistin Resistance Mechanism MCR-1 in Animals and Human Beings in China：A Microbiological and Molecular Biological Study [J]. Lancet Infect Dis，2016，16（2）：161-168.

❸ WALSH T R，WU Y. China Bans Colistin as a Feed Additive for Animals [J]. Lancet Infect Dis，2016，16（10）：1102-1103.

　　此外，为了对抗日益壮大的耐药菌团，我国还采取了一系列的公共健康教育措施。每到11月，你是否注意到了一个特殊的活动？没错，那就是我国与世界卫生组织同步的"抗微生物药物认识周"。在这个特殊的月份里，你是否注意到电视上《小药片，大民生》的公益宣传片？或是街头的"慎重对待抗生素"的海报？当你刷朋友圈时，也许会看到一些关于微生物耐药的知识小贴士。这些都是为了唤起我们对这一问题的关注，提醒我们在使用抗生素时要"有所顾忌"。

Tips：逐步退出临床应用的抗菌药物

由于耐药性、不良反应、新药的出现及市场因素，一些传统的药物逐渐退出临床。以下是一些曾经被广泛使用但目前逐渐退出临床应用的抗菌药物：

- 氯霉素：是一种广谱抗菌药物，但因其严重的副作用，如骨髓抑制、再生障碍性贫血等，已逐步退出临床应用。

- 氨苄青霉素：因为耐药性的增加和不良反应的问题，在临床上的使用逐渐减少。

- 氨基糖苷类抗生素：如庆大霉素、卡那霉素和新霉素等曾经是临床上常用的抗生素之一，但由于其对肾和听觉系统的毒副作用，以及细菌对其产生的耐药性，已逐渐被其他更安全或更有效的 β-内酰胺类（包括第三代和第四代头孢菌素及亚胺培南等）抗生素替代。

- 氟喹诺酮类抗生素：曾经是一类广泛使用的抗菌药物，但近年来由于严重的不良反应（如肌腱炎、心律失常等）和耐药性的增加，其临床应用已经受到限制。

以上只是一些例子，实际上还有很多其他的抗菌药物也可能因为类似的原因逐渐退出临床应用。

35. 巧妙升级抗生素使用的新招数

在这场与细菌斗智斗勇的较量中，不仅细菌在努力加强自己的防御盾牌，人类作为对手，也在不遗余力地磨砺手中的攻击之矛，寻找穿透它们防线的新招数。

20世纪40年代至20世纪末，抗生素的探索似乎是一片黄金矿藏，每次挖掘都可能带来新的突破。但如今，人类似乎进入了瓶颈期，细菌耐药性的增长速度远超过了新药研发的进度。想象一下，1979年，美国的默沙东公司❶如发现宝藏般推出了第一个碳青霉烯类抗生素——亚胺培南，但在短短12年后的1991年，碳青霉烯耐药基因 bla_{KPC-1} 悄然浮出水面。❷❸再看替加环素，作为20世纪闪耀的新星，一经研发成功，便迅速获得了FDA批准。然而，就在人们为其优秀的表现欢欣鼓舞之际，2019年中国农业大学沈建忠院士团队和华南农业大学刘雅红教授团队相继发现的 tet（X3）/tet（X4）❹再次

---

❶ 默沙东公司是一家全球性的制药公司，主要在制药和健康领域运营。

❷ Imipenem/cilastatin [J]. Lancet，1988，2（8607）：376-377.

❸ LIVERMORE D M. Mechanisms of Resistance to Reta-lactam Antibiotics [J]. Scand J Infect Dis Suppl，1991，78：7-16.

❹ tet（X3）/ tet（X4）是质粒介导的替加环素耐药基因。

提醒我们，细菌与人类的抗菌武器之间的竞赛仍在继续，必须更加努力地寻找新的解决方案。❶

▲ 抗菌新策略

与此同时，不少科研人员投入了极大的精力，希望能找到对抗耐药细菌的方法。2019年，吉森大学的蒂尔斯·查贝勒（Tills Chäberle）教授领导的团队有一项令人瞩目的发现：他们对昆虫病原线虫的细菌共生体提取物进行测试，成功分离到一种特殊的肽，并将其命名为darobactin。❷令人惊讶的是，这种darobactin与革兰阴性菌外膜上的新型抗菌靶点BamA蛋白发生了特异性的结合，该结合会导致功能性外膜被破坏，从而导致细菌死亡。

❶ HE T，WANG R，LIU D，et al. Emergence of Plasmid-mediated High-level Tigecycline Resistance Genes in Animals and Humans [J]. Nat Microbiol，2019，4（9）：1450-1456.

❷ IMAI Y，MEYER K J，IINISHI A，et al. A New Antibiotic Selectively Kills Gram-negative Pathogens [J]. Nature，2019，576（7787）：459-464..

2020年，美国麻省理工学院的科学家们带来了一个令人瞩目的突破。他们利用先进的人工智能（artificial intelligence，AI）技术构建了一个预测抗菌物质的模型。更为震撼的是，AI首次在没有任何人类假设的情况下，成功发现了一种全新的抗菌药物。为纪念这一突破，科学家们以电影《2001：太空漫游》中的AI将其命名为"halicin"。深入研究发现，halicin这种小分子化合物，可以穿过细菌细胞膜与细菌内能量代谢的关键酶相互作用，从而阻断ATP合成途径来杀死细菌。❶同年，普林斯顿大学的一个研究小组在抗菌新机制的挖掘方面也发来了捷报。他们发现了一种具有双重抗菌机制的抗生素SCH-79797。其实，SCH-79797最初是作为一种蛋白酶激活受体1（protease-activated receptor-1，PAR-1）❷抑制剂，它在2000年左右被开发出来，主要用于抗凝血治疗。❸然而，由于其在抗凝血治疗中的疗效不尽如人意，这一药物后来被撤出市场。但在2018年，格普塔（Gupta）及其团队在研究其抗凝血作用时，意外地发现SCH-79797具有增强中性粒细胞对抗细菌的能力。吉泰教授领导的普林斯顿大学研究团队随后对SCH-79797进行了深入的研究，发现这一抗生素的独特之处。SCH-79797可以被形象地描述为一支"毒箭"，当其穿透细菌的细胞壁时，不仅可以直接攻击细菌，而且还能针对性地破坏

❶ STOKES J M，YANG K，SWANSON K，et al. A Deep Learning Approach to Antibiotic Discovery [J]. Cell，2020，180（4）：688-702.

❷ PAR-1是一类细胞表面上的受体蛋白，可以通过蛋白酶的切割而被激活。激活后触发一系列细胞信号传导途径，参与调节炎症、凝血和其他生理过程。

❸ MARTIN J K，SHEEHAN J P，BRATTON B P，et al. A dual-mechanism antibiotic kills Gram-negative bacteria and avoids drug resistance [J]. Cell，2020，181（7）：1518-1532.e1514.

细菌内部的叶酸代谢途径。❶最令人鼓舞的是，这种抗生素的作用方式几乎不会导致细菌耐药性，为细菌感染的治疗提供了新的希望。

　　此外，通过精准和合理的用药技术，我们有望提高现有抗菌药物的疗效，为摆脱"抗药性困境"开辟新的道路。一个引人瞩目的进展是细胞外囊泡递送系统，特别是来自牛奶的细胞外囊泡系统（mExo）。自2016年首次揭示其在抵御胃肠道恶劣环境和跨越屏障递送药物的能力以来，mExo就引起了广泛关注。通过将姜黄素封装于mExo中，这种药物不仅能够抵御人体消化道的酸性环境和水解酶的分解，而且还能够有效地穿越肠道屏障，从而显著提高其口服的生物利用度。❷纳米技术构建药物递送系统也是近年来药物制剂技术中比较热门的一类新兴技术。2022年，中国科学技术大学朱书教授与王育才教授领导的团队，推出了一款超前的药物递送系统——葡萄糖修饰的阳离子纳米载体（PGNP）。这种神奇的纳米载体犹如一名微型的"运输战士"，能够巧妙地包裹抗生素，并与我们体内的特定"接收器"——小肠前端的钠/葡萄糖共转运载体（SGLT1）❸结合。❹通过这种独特的配对机制，PGNPs成功地将氨苄西林、氯霉素等抗生素安全、迅速地送入我们的血液中。2019年，默沙东公司研发的新抗菌药物复方 recarbrio

❶ AHN H S，FOSTER C，BOYKOW G，et al. Inhibition of Cellular Action of Thrombin by N3-cyclopropyl-7-{[4-(1-methylethyl)phenyl] methyl}-7H-pyrrolo[3,2-f]quinazoline-1,3-diamine（SCH 79797），a Nonpeptide Thrombin Receptor Antagonist [J]. Biochem Pharmacol，2000，60（10）：1425-1434.

❷ WARREN M R，ZHANG C，VEDADGHAVAMI A，et al. Milk Exosomes with Enhanced Mucus Penetrability for Oral Delivery of siRNA [J]. Biomater Sci，2021，9（12）：4260-4277.

❸ SGLT1 是一种膜蛋白，在细胞膜上负责把钠离子和葡萄糖一起转运进细胞。

❹ ZHANG G，WANG Q，TAO W，et al. Glucosylated Nanoparticles for the Oral Delivery of Antibiotics to the Proximal Small Intestine Protect Mice from Gut Dysbiosis [J]. Nat Biomed Eng，2022，6（7）：867-881.

也是合理联合用药的典范之一。这款神奇的药物其实是两大强者的完美组合，即亚胺培南－西司他丁（imipenem-cilastatin，Primaxin）和瑞来巴坦（relebactam）。❶其实，原本primaxin就是一组很合拍的抗菌搭档，亚胺培南就像是战场上的勇士，而西司他丁就像是他的得力助手，不直接上阵，但可以减少肾脏对亚胺培南的代谢。而瑞来巴坦，就像是这对黄金搭档的"金丝软甲"，能保护亚胺培南免受敌人——某些特定的β-内酰胺酶的攻击，从而使得那些原本对亚胺培南耐药的细菌变得更加易受攻击。

不同于抗生素的黄金时代，现在的新药研发充满着全新的思路，人们不再从成千上万的土壤样本里筛选"稀有"的抗菌活性物质，而是利用对细菌的认识和机器学习等信息学技术开发新药，找到合理使用药物的方法。

❶ HEO Y A. Imipenem/cilastatin/relebactam : A review in Gram-negative bacterial infections [J]. Drugs，2021，81（3）：377-388.

Tips："老药新用"抵抗超级细菌

开发新抗生素是对抗超级细菌最直接、最有效的策略，但是开发周期与研发费用是无法跨越的屏障。而"老药新用"的抗菌增效策略，能够化腐朽为神奇。所谓"老药新用"，就是将现有的非抗生素药物和抗生素药物联合使用，相较于开发新型抗生素，从已批准使用药物中筛选和发现潜在的抗菌增效剂更加经济、高效。

例如，上海交通大学医学院的一个研究团队发现临床上最常用的非甾体抗炎药双氯芬酸（商品名如扶他林、戴芬等），可用于治疗骨关节术后感染常见耐药菌——耐甲氧西林金黄色葡萄球菌（MRSA），并证实该药物能够与 β-内酰胺类抗生素产生协同抗菌效果，有效降低MRSA的耐药性，使其对传统的内酰胺类抗生素更敏感。[1]该发现为治疗耐药细菌引起的感染性疾病提供"新药方"。

[1] ZHANG S，QU X，TANG H，et al. Diclofenac resensitizes methicillin-resistant Staphylococcus aureus to β-lactams and prevents implant infections [J]. Adv Sci（Weinh），2021，8（13）.

超级药时代

——抗菌新秀闪亮登场

36. 手臂上的"荣誉徽章"

在我们每个成年人的手臂上，可能都隐藏着一段特殊的记忆：那是一个小小的圆形瘢痕，宛如童年时的一枚荣誉徽章，这便是接种卡介苗（bacillus calmette-guérin vaccine，BCG vaccine）留下的印记，一种曾经改变了数亿人命运的疫苗。它的发现代表着医学历史上的一次重大突破。这种神奇的疫苗源自分枝杆菌，一种在历史长河中留下深深烙印的病原体。卡介苗这个名字的命名源于它的发明者——阿尔伯特·卡尔梅特（Albert Calmette）和卡米尔·介朗（Camille Guérin）。卡介苗其实最初是用感染牛的牛分枝杆菌（*Mycobacterium bovis*）研制的。那为什么牛分枝杆菌经过特殊处理后可以用来预防我们人的结核病呢？

疫苗（vaccine）这个词最早源于爱德华·詹纳（Edward Jenner）的定义——variolae vaccinae，描述牛的脓疱，其实是牛痘的一种症状。牛痘病毒（*Cowpox Virus*）和令人闻风丧胆的天花病原体天花病毒都属于一个大家族——正痘病毒属。天花病毒造成的病死率高达35%，是一种非常古老的

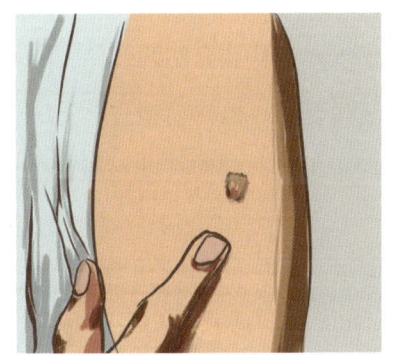

▲ 手臂上接种卡介苗留下的印记

病毒。最早有记录的天花发作是在古埃及，公元前1145年去世的埃及法老拉美西斯五世的木乃伊上就有被疑为是天花皮疹的迹象。1549年，中国明代名医万全在他的《痘疹心法》中曾记载着最早提及接种天花用以抵御这种病毒的技术。古人用天花患者身上长的痂弄成粉吹进其他人鼻孔里，用来防御病毒造成的致死性感染。人痘接种虽然能使人们产生对病毒的免疫力，但天花病毒的毒性很强，仍有许多人在接种人痘时死去。就连卡介苗的发明者爱德华·詹纳也曾在接种人痘时险些丧命。后来他听说挤牛奶的女工很多虽然都感染过牛痘，但是至此很少再得天花了。这个现象让他意识到牛痘接种代替当时流行的"人痘接种法"可能会更安全。于是，他以接种牛痘浆的方法，用一把清洁的柳叶刀在一名8岁男孩詹姆斯·菲普斯（James Phipps）的两只胳膊上划了几道伤口，然后替他接种牛痘。男孩染上牛痘后，六个星期内康复。之后詹纳再替男孩接种天花，结果男孩完全没有受感染，证明了牛痘能让人对天花产生抵抗力。[1]随着牛痘疫苗的成功推行，1901年，当科赫发现人类和牛结核病分别由结核分枝杆菌及牛分枝杆菌造成时，科学家们就在想没准牛分枝杆菌也能让人类对结核病产生抵抗力。[2]

　　然而令人失望的是，牛分枝杆菌的致病力一点也不比结核分枝杆菌低，但卡尔梅特和介朗两位伟大的科学家并没有放弃，经过13年的传代培养，终于得到了一株在动物身上无法引起结核病的分枝杆菌，并在1921年将其首次用于人类。其实这就是减毒疫苗的"雏形"，13年的传代培养就是一种降低

[1] RUSNOCK A. Catching Cowpox : The Early Spread of Smallpox Vaccination，1798—1810 [J]. Bull Hist Med，2009，83（1）：17-36.

[2] KOCH R. An address on the fight against tuberculosis in the light of the experience that has been gained in the successful combat of other infectious diseases [J]. Br Med J，1901，2（2117）：189-193.

病毒致病力的减毒处理，让它不再引起结核病的症状。因此，当我们接种卡介苗后，身体的免疫系统会被激活，释放趋化因子和细胞因子，招募多种免疫细胞进行作战，完虐这种致病力低的病原体的同时，我们的身体还会产生针对它的"特种部队"，可以随时对抗人结核分枝杆菌的入侵。❶尽管卡介苗现在已经在全球范围内被广泛使用，但在初期，这款疫苗并未受到广泛信任。尤其在1929—1933年，德国吕贝克事件后，卡介苗的声誉受到了严重挑战。当时，在吕贝克，有251名婴儿接种了卡介苗，但令人震惊的是，短短10天内，72名婴儿不幸去世，死亡率高达30%。这一事件引发了关于卡介苗安全性的广泛争议，使得公众对该疫苗产生了深深的疑虑。不过后来的调查证明了卡介苗的"清白"，有问题的并不是卡介苗，而是生产厂商在生产过程中卡介苗被致病菌污染造成的。为了避免此类悲剧的再次发生，自1927年起，能更好地诱发对结核菌素皮肤试验的迟发型超敏（delayed type hypersensitivity，DTH）反应的皮内注射逐渐代替口服卡介苗，成为目前卡介苗的主要接种方式。❷❸

目前，新生儿出生后，大多数家长仍会选择给孩子接种卡介苗。在进行结核菌素皮试❹后，医生会在新生儿胳膊上进行卡介苗皮内注射。由于卡介苗仍是活菌疫苗，因此会引起人类皮肤局部化脓，等结痂脱落后就会形成瘢

---

❶ 陈凡，孙溶婧，孙浩博，等．卡介苗的保护作用 [J]. 公共卫生与预防医学，2023，34（5）：1-7.

❷ FOX G J，ORLOVA M，SCHURR E. Tuberculosis in newborns：The lessons of the "Lübeck Disaster"（1929—1933）[J]. PLoS Pathog，2016，12（1）：e1005271.

❸ WHITTAKER E，TAMNE S K. Bacillus Calmette–Guérin（BCG）vaccine [M]//KON O M. Tuberculosis in clinical practice. Cham：Springer International Publishing，2021：15-28.

❹ 通过皮内注射结核菌素（结核杆菌产生蛋白），根据局部皮肤反应判断机体对结核杆菌的免疫应答程度。

痕，这就是我们手臂上的"荣誉徽章"的由来。通过接种卡介苗，人们可以在患病前就建立免疫屏障，降低感染的风险，实现对结核病的有效预防。当卡介苗被注射到皮下组织时，苗液会对机体造成"虚拟入侵"，从而引发一系列生理变化。人体内的免疫细胞，如巨噬细胞，会被激活以吞噬和消灭减毒处理的结核分枝杆菌。这个过程类似于免疫系统的"清道夫"将入侵者清除出体内。同时卡介苗会激发免疫系统的"记忆"功能，身体会保留对结核分枝杆菌的记忆，以便在将来再次遇到这种病原体时能够更迅速、更有效地应对。因此，接种卡介苗后身体对结核病的抵抗力可以持续很长时间。这个圆形瘢痕，不再仅仅是一道印记，更是免疫系统的留影。卡介苗是人们预防结核病的利器，抗菌疫苗则在医学领域展示出替代传统抗生素的巨大潜力。未来，随着科学技术的飞速发展，人们或许将迎来更多的"荣誉徽章"，它们不仅见证着医学的进步，也是人们健康的守护者。

随着医学的不断进步，人们逐渐认识到抗菌疫苗在医学领域的独特价值。随着传统抗生素治疗不断出现的药物耐药性问题，抗菌疫苗提供了一种创新的治疗途径。通过激活免疫系统，调动身体的自我防御机制，抗菌疫苗能够形成持久的抗菌状态，避免了耐药性的困扰，并更好地适应不同病原体的变异，为医学治疗提供更广阔的空间。

Tip: 为什么其他疫苗不会留下"荣誉徽章"?

通常新生儿在出生后24小时内会接种用于预防结核病的卡介苗，但这类减毒活疫苗中的活细菌仍能引起一些症状，所以卡介苗才能在手臂上留下圆形的"荣誉徽章"。

但随着科技的发展，疫苗的类型也在逐渐增多。如百白破疫苗，它是一种类毒素疫苗，通常是利用化学处理或热处理抑制细菌毒性的同时保留它们的免疫原性，人们按照一定比例混合百日咳、白喉和破伤风的病原菌类毒素对儿童进行接种，接种时间通常为2、4、6、18个月和4~6岁。还有一些细菌、病毒或病原体被人们杀死后做成灭活疫苗，往往产生较弱的免疫系统反应，但也能具有一定的效果，常见的有霍乱疫苗、鼠疫疫苗和狂犬病疫苗。

分子生物学的兴起也给医疗人员带来新的灵感，他们开发出亚单位疫苗❶、结合疫苗❷和RNA疫苗❸等新型武器，利用病原体的部分零件刺激人体产生免疫反应，这样既能减少症状的产生，也能有效让身体记住这些病原体。

---

❶ 亚单位疫苗是一种由疫苗制备中的病原体的部分组成或分离的蛋白质制成的疫苗。通常，这种疫苗中不包含整个病原体，而只包含能够引起免疫系统产生充足抗体反应的特定蛋白亚单位。

❷ 结合疫苗是由病原体的多个组分结合而成的疫苗。这些组分可以是亚单位、毒素，或是经过灭活的病原体。

❸ RNA疫苗是一种新型的疫苗，使用的是病原体的mRNA（信使RNA）。这种疫苗通过将病原体的mRNA引入人体细胞，让细胞自己产生病原体的蛋白，从而激发免疫反应。

37. 菌群微生态守护者

在我们看不见的微观世界里，一场场激烈的战斗正悄然上演。人体内部的肠道微生态系统是一个不见硝烟的战场。一支特殊的力量守护着这个庞大而精密的生态网络，那就是益生菌，它们如同战士一样，帮助我们的身体免受有害微生物的侵扰。

益生菌，顾名思义，是对人体有益的微生物的统称。它们与我们的身体形成了一种共生关系，维护着肠道微生态平衡。益生菌多种多样，已经发现了 4000 多种，像很多酸奶会添加的嗜酸乳杆菌（*Lactobacillus acidophilus*）、双歧杆菌等，都是我们肠道健康的重要"盟友"。还记得那句"长寿村的健康秘密，莫斯利安"吗？保加利亚的罗多彼山脉是欧洲百岁老人最聚集的地区之一。俄国生物学家梅契尼可夫发现保加利亚人早餐喜吃保加利亚优酪乳，由此推测他们长寿的原因是长久以来有吃酸奶的习惯。1905 年，保加利亚的著名医生和微生物学家斯塔门·格里戈洛夫（Stamen Grigorov）揭开了其神秘的面纱，在保加利亚酸奶里发现了人类历史上第一个益生菌，并以自己祖国的名字将其命名为保加利亚乳杆菌（*Lactobacillus bulgaricus*）。此后，人们才开始有意识地用它来制作酸奶。人体内有许多守护肠道微生态平衡的益生菌，与潜在的有害微生物进行着微观的"健康保卫战"。如我们日常用来蒸馒头、做面包的酵母菌——布拉酵母菌（*Saccharomyces boulardii*）就可以很好地激活肠道菌群的运行活力，修复胃表层黏膜健康。❶首先它们会在肠道内建立"防线"，确保有害微生物难以找到空隙进入，而后发动"突袭"，即主动"突袭"有害微生物的聚集区域，通过释放抑制物质或竞争营养资源，迅速削弱有害微生物的实力，使有害菌难以在肠道内建立据点。

人类用益生菌治疗疾病的历史悠久，早在青霉素发明之前，就有医生尝试用益生菌来治疗细菌感染。1917年，为了治疗当时志贺菌流行引起的大规模人群腹泻，德国医生阿尔弗雷德·尼索（Alfred Nissle）从一名没有发病的士兵的粪便中分离到一株大肠埃希菌。令人惊奇的是，这株大肠埃希菌成功地治愈了因志贺菌感染而造成的急性胃肠道疾病。❷❸为了纪念这次事件，人们将这株菌命名为大肠埃希菌Nissle 1917，后来发现它是一种益生菌，通常用于治疗某些胃肠道疾病。与其他大肠埃希菌不同的是，Nissle 1917对人类产生的毒性很小，还进化出一系列方便定植在肠道的"零件"。此外，为了能在肠道内更好地生存下去，它甚至能产生一些信号分子刺激肠道免疫力提高，来抵抗其

▲ **益生菌的潜在治疗功能**

❶ SZAJEWSKA H，KOŁODZIEJ M. Systematic Review with Meta-analysis：*Saccharomyces boulardii* in the Prevention of Antibiotic-associated Diarrhoea [J]. Aliment Pharmacol Ther，2015，42（7）：793-801.

❷ 急性胃肠道疾病主要指一般炎症性胃肠道疾病，如急性胃炎、急性阑尾炎等。

❸ SONNENBORN U. *Escherichia coli* Strain Nissle 1917—From Bench to Bedside and Back：History of a Special *Escherichia coli* Strain with Probiotic Properties [J]. FEMS Microbiol Lett，2016，363（19）.

他细菌的定植。❶它能通过信号分子与其他有益微生物进行沟通，这种信息传递有助于协调微生物之间的活动，形成一种相互支持的网络以维持整体的微生态平衡。目前益生菌主要用于治疗胃肠道疾病，特别是抗生素相关腹泻（这是一种抗生素治疗后引起的结肠微生物群失衡造成的腹泻）。抗生素在杀死病原菌的同时，也会杀死肠道固有菌群，菌群失衡会导致肠道的短链脂肪酸❷吸收减少，从而引起渗透性腹泻❸。另外，肠道里的一些"不法分子"，比如艰难梭菌等条件致病菌会趁机占据肠道，引起更剧烈的腹泻。❹这时，益生菌的补充可以调整肠道菌群的构成，鼠李糖乳杆菌（*Lacticaseibacillus rhamnosus*）在内的益生菌制剂的治疗可以降低抗生素相关腹泻的风险，增强肠道免疫力。❺

此外，益生菌在养殖业中被认为是一种替代抗生素的选择，它们能够维持动物肠道的微生态平衡，提高免疫力，从而减少对抗生素的需求。目前市面上广泛使用的益生菌主要包括芽孢杆菌属（*Bacillus*）、双歧杆菌属、梭状芽孢杆菌属（*Clostridium*）、乳杆菌（*lactobacillus*）、肠球菌属（*Enterococcus*）

❶ TREBICHAVSKY I，SPLICHAL I，RADA V，et al. Modulation of Natural Immunity in the Gut by *Escherichia coli* Strain Nissle 1917 [J]. Nutr Rev，2010，68（8）：459-464.

❷ 短链脂肪酸，也称为挥发性脂肪酸，一般是指碳链中碳原子数小于6的有机脂肪酸，主要包括乙酸、丙酸、丁酸、异丁酸、戊酸、异戊酸和己酸。

❸ 渗透性腹泻的发生，是肠腔内含有大量不被吸收的溶质（非电解质），肠腔内有效渗透压过高，阻碍肠壁对水和电解质的吸收所致。

❹ GUO Q，GOLDENBERG J Z，HUMPHREY C，et al. Probiotics for the Prevention of Pediatric Antibiotic-associated Diarrhea [J]. Cochrane Database Syst Rev，2019，4（4）：Cd004827.

❺ ARVOLA T，LAIHO K，TORKKELI S，et al. Prophylactic *Lactobacillus* GG Reduces Antibiotic-associated Diarrhea in Children with Respiratory Infections：A Randomized Study [J]. Pediatrics，1999，104（5）：e64.

及酿酒酵母（*Saccharomyces cerevisiae*）等。❶枯草芽孢杆菌（*Bacillus subtilis*）是最常见的饲料添加益生菌之一，它是一种革兰阳性菌，具有较强的耐受性，能够在不同的环境中存活，并且相对稳定。它可以激发免疫因子的产生，从而调节选择性屏障、黏液层、免疫激活和耐受等先天免疫，同时可加快免疫器官发育和成熟，使T淋巴细胞和B淋巴细胞数量增多，进而提高动物体液和细胞免疫水平。20世纪50年代，这种细菌也被当作药物治疗人类胃肠道疾病。❷由于在饲喂动物时不存在安全问题，还能产生大量抗菌肽和蛋白酶，现在其也被添加在饲料中，用来改善养殖动物的肠道菌群，提高动物免疫力。❸除此之外，益生菌还可以产生有益的代谢产物，为共生菌提供额外的营养支持，促进它们的增殖，从而改善肠道健康。这些为益生菌在维护肠道微生态平衡和提升宿主免疫系统方面发挥了关键的作用。

益生菌，这些微小而强大的生命，是我们身体健康的守护者，在肠道这个微观的战场上，它们时刻战斗，确保我们免受有害微生物的威胁。随着科学的不断发展，益生菌的潜力将会得到更大的挖掘，为我们带来更多健康的可能性。

❶ 曾亚英，杜海波，阿拉腾格日勒 . 浅谈益生菌替代抗生素在畜禽养殖业的应用研究进展 [J]. 国外畜牧学（猪与禽），2020，40（3）：63-66.

❷ CIPRANDI G，SCORDAMAGLIA A，VENUTI D，et al. In *vitro* Effects of *Bacillus subtilis* on the Immune Response [J]. Chemioterapia，1986，5（6）：404-407.

❸ 苏伟光 . 枯草芽孢杆菌发酵饲料的研究进展及前景 [J]. 广东化工，2020，47（12）：111，199.

Tips：慎重使用益生菌！

益生菌作为肠道微生态的一部分，对人体健康具有重要作用。但人们在服用益生菌时，这些菌群其实仍是活菌，因此需要尤为关注服用益生菌的安全性。商品化的益生菌都进行过严格的安全性评估，主要对以下几个方面进行检测。❶

（1）评估益生菌的代谢活动是否影响机体。

（2）是否产生副作用。

（3）是否对抗生素产生耐药性。

（4）产生毒素是否对人体造成危害。

（5）是否会造成溶血现象。

目前，市场上存在种类繁多的益生菌产品，包括益生菌饮料、益生菌口服液、益生菌胶囊等。每种产品都含有不同的菌株和数量，因此在选择时，我们应当根据个体需求和产品特点慎重考虑。在使用益生菌时，需要注意应规律使用，并避免与热食共用。

❶ HUYS G，BOTTELDOORN N，DELVIGNE F，et al. Microbial Characterization of Probiotics——Advisory Report of the Working Group "8651 Probiotics" of the Belgian Superior Health Council（SHC）[J]. Mol Nutr Food Res，2013，57（8）：1479-1504.

38. "吃细菌"的病毒

"螳螂扑蝉，黄雀在后""大鱼吃小鱼，小鱼吃米，虾米吃污泥"等俗语是对食物链的朴素概括，生动地描绘了自然界中生物间相爱相杀的生态规律，也暗示了几乎每种生物都有其特定的天敌，因而就不会因为种群数量过多导致生态系统失去平衡。你是否想过细菌的天敌是什么呢？

19世纪80年代，科赫等科学家正在努力寻找证据反对公元前就开始流行的瘴气理论思想。作为科赫的前同事——欧内斯特·汉伯里·汉金（Ernest Hanbury Hankin）也认同细菌学说，并对当时大规模流行的霍乱进行研究。1892年，他被派往印度治疗当地的霍乱。通过采集印度恒河的水，他发现未煮沸的水在3小时内能杀死霍乱弧菌，但煮沸后就失去了杀菌效果，因此其认为河水中存在一种可以杀死病原菌的活性物质。[1] 1915年，英国细菌学家弗雷德里克·特沃特（Frederick Twort）在培养牛痘病毒时，发现培养基总被一些葡萄球菌污染，但用放大镜检查菌落[2]时，他发现菌落中存在一些

---

[1] HANKIN E. L'action Bactericide Des Eaux De La Jumna Et Du Gange Sur Le Vibrion Du Cholera [J]. Ann Inst Pasteur，1896，10：511.

[2] 菌落，是指由单个或少数微生物细胞在适宜固体培养基表面或内部生长繁殖到一定程度，形成以母细胞为中心的一团肉眼可见的、有一定形态、构造等特征的子细胞集团。

玻璃状区域，这似乎是细菌被杀死的结果。特沃特随后采集这个区域的培养物，发现这种物质可以通过过滤器，并能杀灭细菌。他提出了三种可能性：这可能是细菌某个特定生命周期的表现；或者是一种具有杀菌作用的酶；又或者是一种专门针对细菌的生物。❶几乎是同一时间，法国微生物学家费利克斯·德赫雷尔（Félix d'Hérelle）在1917年宣布发现了"一种看不见，但可以杀死痢疾杆菌（*Shigella Castellani*）的物质"，他将这种物质命名为噬菌体（bacteriophage）。❷虽然在两年后，他成功用噬菌体治好了一位痢疾患者，但当时人们并不相信这是一类可以繁殖、以细菌为食的生物有机体。❸直到1939年，赫尔穆特·鲁斯卡（Helmut Ruska）用电子显微镜观察到噬菌体的结构，人们才真正相信世上存在一种"吃细菌"的病毒。

噬菌体，就像微观世界的猎手，专门猎杀细菌、支原体和蓝细菌。你知道吗，只要有这些微生物存在的地方，就可能有噬菌体的身影。与细菌相比，噬菌体的个头要小的多，但其微小的身体却蕴含着巨大的生物学活力。噬菌体可以被看作是细菌的天然捕手，能够专门感染并"吃掉"特定种类的细菌。噬菌体有着与其他生物

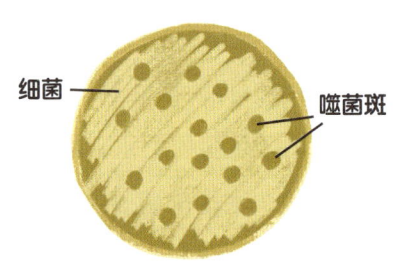

细菌

噬菌斑

▲ 噬菌体对细菌菌落形成的空斑

❶ TWORT F W. An Investigation on the Nature of Ultra-microscopic Viruses [J]. Lancet, 1915, 186(4814): 1241-1243.

❷ D'HERELLE M. Sur Un Microbe Invisible Antagoniste Des Bacilles Dysentériques [J]. Acta Kravsi, 1961，165 : 373-375.

❸ DUBLANCHET A，BOURNE S. The Epic of Phage Therapy [J]. Can J Infect Dis Med Microbiol, 2007，18（1）: 15-18.

完全不同的外貌，它的头部是由一些蛋白质组成的球形或多面体，称为核衣壳（caspid），包裹着最重要的物质——DNA或RNA构成的遗传物质。它还长着一个用来吸附到细菌表面的基板（baseplate），在上面伸出一些类似于"脚"的尾纤维（tail fibre）帮助它紧紧吸附在细菌身上。基板和头部之间通常有个长长的"脖子"——尾鞘连接两者，并便于噬菌体从头部产生的物质传输到细菌体内。噬菌体的结构精密而又简单，所有的组成部分都是为了便于它将遗传物质注入细菌体内后进行后代繁殖。那么，这个过程是如何发生的呢？

噬菌体数量庞大、种类繁多，一种噬菌体只能裂解一种或几种特异的细菌，或仅能作用于该种细菌的某一类菌株。此外，它们"吃"细菌的方式还存在一点的差异。例如，T4噬菌体（*Escherichia* virus T4）是一种"吃"大肠埃希菌的噬菌体，最早于20世纪30年代末被人们在污水中发现，是目前研究最为透彻的模式生物之一。T4噬菌体这一类裂解性噬菌体追求的是"利用完就丢弃"的理念。首先它们利用尾部的特定结构与宿主细菌表面的受体[1]发生高度特异性的吸附，完成"捕捉"的过程。这个"捕捉"过程会将信号传递至基板处，并通过噬菌

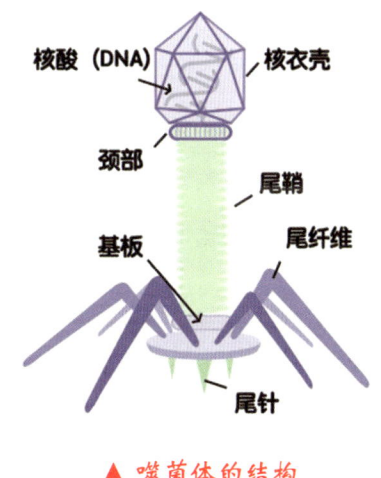

核酸（DNA）　　　核衣壳

颈部

尾鞘

基板　　　尾纤维

尾针

▲ 噬菌体的结构

---

[1] 受体是指能够同激素、神经递质、药物或细胞内信号分子结合并能引起细胞功能变化的生物大分子。

体注入一系列物质降解细菌细胞膜。❶然后开始进行最重要的工作——繁殖后代，这个过程可能不到30分钟就能完成。它先向宿主菌内注入一些物质让细菌自身的基因表达❷得到抑制，再利用尾部注射管将自身的DNA注入宿主细胞，并控制宿主的复制系统来生产自己的后代，当细菌体内放不下这些源源不断产生的后代时，它会裂解细菌并将后代释放出去，一个细菌能孕育100~150个噬菌体后代。❸有些噬菌体为了让自己的后代能更好地生存下去，在裂解细菌前还会进入溶原性生命周期。如另一种"吃"大肠埃希菌的噬菌体——λ噬菌体（*Escherichia* virus Lambda），会将自己的遗传物质整合到细菌的基因组中，并在细菌体内"潜伏"起来，等到时机成熟再将细菌一口吃掉，释放出后代。❹

　　由于裂解性噬菌体具有特异性裂解宿主细菌的作用，早在20世纪20年代噬菌体就曾被人们用来治疗细菌感染造成的疾病。但由于抗生素的兴起及人们对噬菌体缺乏认知而鲜少有人知道噬菌体的治疗作用。❺然而，随着耐药菌团的日益强大，噬菌体及噬菌体相关产品可能会成为我们对抗耐药菌的秘密武器。越来越多的科学家和研究人员转向了噬菌体疗法，寄望于这一新颖

❶ MAGHSOODI A，CHATTERJEE A，ANDRICIOAEI I，et al. How the Phage T4 Injection Machinery Works Including Energetics，Forces，and Dynamic Pathway [J]. Proc Natl Acad Sci U S A，2019，116（50）：25097-25105.

❷ 基因表达是指将来自基因的遗传信息合成功能性基因产物的过程。基因表达产物通常是蛋白质，所有已知的生命，都利用基因表达来合成生命的大分子。

❸ RAO V B，BLACK L W. Structure and Assembly of Bacteriophage T4 Head [J]. Virol，2010，7：356.

❹ GROTH A C，CALOS M P. Phage Integrases：Biology and Applications [J]. Mol Biol，2004，335（3）：667-678.

❺ KUTTER E，DE VOS D，GVASALIA G，et al. Phage Therapy in Clinical Practice：Treatment of Human Infections [J]. Curr Pharm Biotechnol，2010，11（1）：69-86.

方法能为治疗耐药细菌感染开辟新的途径。2017年，一名被多重耐药鲍曼不动杆菌（*Acinetobacter baumannii*）感染的患者经过4个月的抗生素治疗后仍不见好转，在不得已的情况下，医生用9种不同噬菌体的混合物治疗该患者，最终患者康复。❶然而，细菌是非常聪明的一种生物，它们既然能进化出对抗抗生素的耐药性，那必然也存在对噬菌体的抵抗系统，很多细菌体内存在一些限制性修饰系统❷和CRISPR-Cas系统❸，能抵抗噬菌体的攻击。❹但人们也利用噬菌体产生的一些物质如裂解酶❺和穿孔素❻，利用它们的裂解作用杀死细菌。❼

细菌以惊人的速度繁殖，有些细菌种群在短短17分钟内就能产生新的后代。这意味着人类的进化速度永远赶不上细菌，或许人们在找到新抗生素的同时，细菌可能已经演化出对抗这些抗生素的手段。不过，与细菌相比，噬菌体的数量远远超过细菌，它们的进化速度至少能与细菌持平，也许将来，用一种微生物对抗另一种微生物将成为一种新的治疗思路。

---

❶ SCHOOLEY R T，BISWAS B，GILL J J，et al. Development and use of personalized bacteriophage-based therapeutic cocktails to treat a patient with a disseminated resistant acinetobacter baumannii Infection [J]. Antimicrob Agents Chemother，2017，61（10）：17.

❷ 限制性修饰系统是指原核生物为了保护自己，选择性地降解外源DNA，可保护个体免于外来DNA（如噬菌体）侵入的系统。

❸ CRISPR-Cas系统是原核生物的一种获得性免疫系统，用于抵抗存在于噬菌体或质粒的外源遗传元件的入侵；为存在于大多数细菌与所有的古菌中的一种防御机制，以消灭外来的质体或者噬菌体的DNA。现广泛应用于基因工程中。

❹ LABRIE S J，SAMSON J E，MOINEAU S. Bacteriophage Resistance Mechanisms [J]. Nat Rev Microbiol，2010，8（5）：317-327.

❺ 裂解酶又称为裂合酶类，是催化多聚链从内部或端部裂解的酶类。

❻ 穿孔素全称是细胞溶素，分子量为60 000，是由淋巴T细胞和活化的Tc细胞的胞浆颗粒释放出来，能杀伤的靶细胞范围较宽，能在靶细胞膜上形成孔洞。

❼ 梁文锐，王雨露，陈碧莹，等.噬菌体裂解系统的研究进展综述 [J].科技视界，2023（4）：44-47.

Tips: 噬菌体还能用来干什么?

虽然由于潜在安全性等问题,目前还没有噬菌体相关的人用治疗药物上市。但由于噬菌体良好的杀菌效果,噬菌体产品在治疗动物疾病上有着很好的疗效,如由6种沙门氏菌噬菌体混合而成的SalmoFREE®,可以安全有效地防止家禽感染沙门氏菌。❶美国食品药品监督管理局还批准一些噬菌体产品用在食品工业上,以确保食品安全。例如,用于控制肉类和家禽产品等即食品中的单核细胞增生李斯特菌的食品添加剂LMP-102,以及处理奶酪中单核细胞增生李斯特菌的LISTEX。❷

另外,由于噬菌体独特的结构和特异性识别受体的能力,早在1985年,人们就开始利用噬菌体展示技术检测蛋白质之间的相互作用。❸越来越多的科研人员也被噬菌体的"利己主义"思想吸引,如今噬菌体已成为研究生物进化和生态学原理的重要模式生物。❹❺

❶ CLAVIJO V, BAQUERO D, HERNANDEZ S, et al. Phage Cocktail SalmoFREE® Reduces *Salmonella* on a Commercial Broiler Farm [J]. Poultry Sci, 2019, 98 (10): 5054-5063.

❷ O'SULLIVAN L, BOLTON D, MCAULIFFE O, et al. Bacteriophages in Food Applications: From Foe to Friend [J]. Annu Rev Food Sci T, 2019, 10 (1): 151-172.

❸ SMITH G P, PETRENKO V A. Phage Display [J]. Chem Rev, 1997, 97 (2): 391-410.

❹ 模式生物是人们为了了解特定的生物现象,期望对某一类生物进行广泛研究,以此提供对其他生物体生命科学运动产生了解的生物。

❺ KEEN E C. Tradeoffs in Bacteriophage Life Histories [J]. Bacteriophage, 2014, 4 (1): e28365.

39. 对抗细菌的草本武士

在现代社会中，"保温杯里泡枸杞""姜汤泡脚""刮痧""拔火罐"等做法逐渐受到越来越多人的追捧。例如，奥运会的游泳比赛中，细心的观众会发现有些年轻选手的后背和肩部有圆圆的红印，这就是拔火罐留下的痕迹。这正好反映了中草药和中医疗法已不仅仅专属于老年群体，更是赢得了中青年人群的广泛认可和喜爱，逐渐成为健康生活方式的热门选择。中草药"复兴"背后的推动力源于对传统文化的认同，对自然疗法的强烈追求，以及对综合医学的持续关注。

中医理论认为阴阳失衡是疾病的根本原因，所谓"阴平阳秘，精神乃治，阴阳乖戾，疾病乃起"。中草药通过多种方法祛邪扶正、调制阴阳而达到战胜疾病、恢复健康的目的。但其已不仅是老年人的"灵丹妙药"和中青年的"养生秘籍"，应用领域更广。事实上，中草药在抗感染领域也发挥着重要作用。与抗生素相比，多数中草药的毒副作用较低，细菌也不易对其产生耐药性。由于中草药成分复杂，人们难以探究其深层的抗菌机理。随着科学技术的发展，人们现在可以提取中草药的有效成分，越来越多的科研人员也在尝试将中草药与抗生素进行联合使用，用中药单体作为抗菌

增效剂来使用。❶

《本草纲目》中记载，黄芩可"治风热湿热头疼，奔豚热痛，火咳肺痿喉腥，诸失血"。古人将这类唇形科黄芩属的草本植物的根入药，用来治疗一些上呼吸道感染疾病。经过现代科学研究发现，黄芩中存在一种有效抗菌成分——黄芩苷，这是一类黄酮类化合物。黄酮类化合物广泛存在于植物界的许多植物中，具有抗微生物、抗炎和抗氧化等多种药理作用。研究人员曾发现黄芩苷可以抑制耐药细菌MRSA的毒性，降低其对人体的损伤。❷具有黄酮结构的黄芩苷、黄芩素、汉黄芩素和黄芩新素都能与一些β-内酰胺类抗生素联用，共同对抗MRSA菌株；此外，黄芩苷还可以加强其他抗生素如四环素对MRSA的抗菌效果。❸❹《神农本草经》中也曾记载一种药物"味苦寒，主热气，目痛，眦伤，泣出，明目，肠澼，腹痛，下利，妇人阴中肿痛，久服令人不忘"。这就是黄连，一种毛茛科黄连属植物的根部。这种中草药被记载在很多中医医书中，被古人用以清热燥湿、泻火解毒。❺黄连中有一种抗菌活性非常好的生物碱❻成分——小檗碱，一种衍生自异喹啉生物碱的季

❶ 翟贯星，陆璐，陈代杰，等. 中药化合物的抗菌及增效作用 [J]. 中国抗生素杂志，2019，44（12）：1366-1370.

❷ 邱家章. 黄芩苷抗金黄色葡萄球菌 α- 溶血素作用靶位的确证 [D]. 长春：吉林大学，2012.

❸ RONDEVALDOVA J，NOVY P，KOKOSKA L. In Vitro Combinatory Antimicrobial Effect of Plumbagin with Oxacillin and Tetracycline Against *Staphylococcus Aureus* [J]. Phytother Res，2015，29（1）：144-147.

❹ AN J，ZUO G Y，HAO X Y，et al. Antibacterial and Synergy of a Flavanonol Rhamnoside with Antibiotics Against Clinical Isolates of Methicillin-resistant *Staphylococcus Aureus*（MRSA）[J]. Phytomedicine，2011，18（11）：990-993.

❺ 陈红英. 黄连化学成分的分离及其降糖活性研究 [D]. 重庆：西南大学，2012.

❻ 生物碱是存在于自然界（主要为植物，但有的也存在于动物中）中的一类含氮的碱性有机化合物。

铵盐❶，在黄芩等药用植物中也有分布。❷研究发现，小檗碱可以穿透金黄色葡萄球菌的细胞膜，同时躲过细菌外排泵的屏障进入细菌胞内。❸科研人员发现小檗碱能显著增强氨苄西林等抗生素对MRSA的抗菌作用，增强人们对耐药细菌的治疗成功率。❹

　　除了医书中的中草药，其实还有很多生活中人们常见的草本植物可以对抗耐药细菌，如中国人爱喝的茶。中国的茶文化源远流长，据传在公元前，伟大的神农在征战途中于路边烧水解渴。当时，茶树上的叶子不慎落入热水中，神农尝试后发现这汤既清香又能提神，从此茶的美妙之处被人们所发掘。现代科学研究在绿茶浸出液中发现许多有益的化学物质，如茶多酚、茶多糖、茶黄素和槲皮素等。❺一些科研人员在提取绿茶的有效成分后，竟意外地发现茶多酚对MRSA有抑制作用。更令人惊喜的是，它还能增强苯唑西林等抗生素的抗菌效果。❻另外一种绿茶提取物茶黄素可能通过影响细菌细胞壁合成、抑制细菌耐药蛋白产生，从而加强青霉素等抗生素对MRSA的杀

---

❶ 季铵盐为铵离子中的四个氢原子都被烃基取代而生成的化合物，通式R4NX。

❷ CICERO A F，BAGGIONI A. Berberine and its role in chronic disease [J]. Adv Exp Med Biol，2016，928：27-45.

❸ SEVERINA I I，MUNTYAN M S，LEWIS K，et al. Transfer of Cationic Antibacterial Agents Berberine，Palmatine，and Benzalkonium Through Bimolecular Planar Phospholipid Film and *Staphylococcus Aureus* Membrane [J]. IUBMB Life，2001，52（6）：321-324.

❹ YU H H，KIM K J，CHA J D，et al. Antimicrobial Activity of Berberine Alone and in Combination with Ampicillin or Oxacillin Against Methicillin-resistant *Staphylococcus Aureus* [J]. J Med Food，2005，8（4）：454-461.

❺ KHAN N，MUKHTAR H. Tea and Health：Studies in Humans [J]. Curr Pharm Des，2013，19（34）：6141-6147.

❻ 葛春梅，蔡悦，夏潇潇，等. 绿茶及其主要化学成分对MRSA的抗菌实验研究 [J]. 中药材，2016，39（5）：1163-1165.

灭作用。❶此外，包括绿茶在内的很多中草药都有调节免疫系统的作用，帮助机体提高自身的抵抗力，其在清除体内病原体的同时也可以减轻炎症反应，显著提高了治疗效果。❷

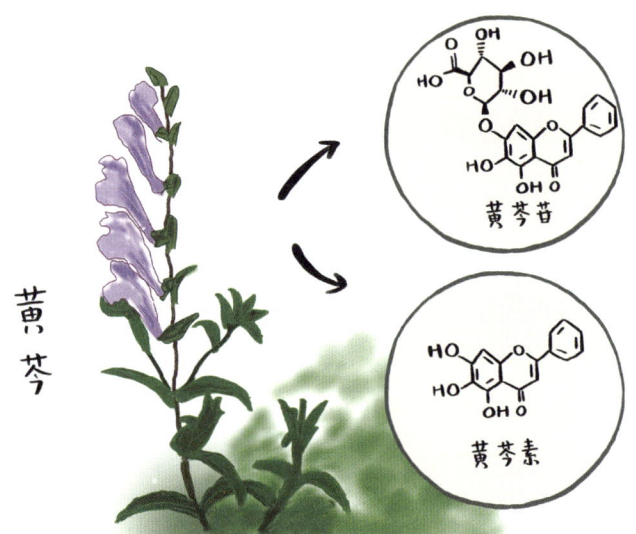

▲ 黄芩植株和有效成分化学式

中草药这位草本武士，正在重回人们的视野，以其丰富的医学价值和独特的抗菌特性引领着一场草本之旅。大量兼具抗菌和消炎作用的中草药为人类和动物提供了更多的治疗选择。中草药的复兴不仅是对传统医学的尊重，

❶ 钟灵. 茶黄素与 β- 内酰胺类抗生素协同抗 MRSA 作用及机制的初步研究 [D]. 长春：吉林大学，2020.

❷ SERBAN C，SAHEBKAR A，ANTAL D，et al. Effects of Supplementation with Green Tea Catechins on Plasma C-reactive Protein Concentrations：A Systematic Review and Meta-analysis of Randomized Controlled Trials [J]. Nutrition，2015，31（9）：1061-1071.

更是对大自然恩赐的珍贵礼物的深刻理解。这一旅程或将为我们开启健康生活的新篇章。除了中草药这一人类文明瑰宝，中医理念推崇保持持续的身体锻炼，这可以帮助我们保持健康、增强体质、提高免疫力，动静结合，内外兼修，持之以恒方能成就。

Tips: 中草药"增效剂"

在中草药抗菌的众多用途之中，还有另一个作用——增强抗菌药物药效，这对我们在临床运用抗菌药物有很大的帮助。例如，黄连含有黄连素等有效成分，具有抗菌、消炎和抗氧化的作用。它常被用于辅助治疗感染性疾病，如肠道感染、呼吸道感染等，可以增强化学合成抗菌药物如头孢菌素、红霉素等的抗菌作用。❶❷

除此之外，连翘也是有代表性的一员，其含有丰富的酚类化合物和黄酮类成分，具有明显的抗菌和抗病毒作用。它常被用于辅助治疗呼吸道感染等疾病，可以增强抗生素如阿莫西林、头孢菌素等的抗菌效果。❸❹

❶ 孙毅平，杨爱琳. 双黄连治疗小儿感染性疾病 140 例疗效观察 [J]. 中国医院药学杂志，1998（11）：39.

❷ 罗予孟，赵国新，冯羡菊，等. 黄连联合头孢菌素类抗生素的抑菌作用研究 [J]. 中医药学刊，2004（11）：2033-2034.

❸ 李明雁. 复方连翘 - 阿莫西林粉剂制备及质量标准的研究 [D]. 哈尔滨：东北农业大学，2011.

❹ 李晓燕. 中药连翘抗菌活性的考察 [J]. 山东医药工业，1997（2）：46-47.

个人抗菌手册

40. 药物使用说明书

　　当你走进药店时，是否留意过货架上放着的一些药物包装上有着"OTC"的标志，这个标志代表着什么呢？为什么一些药有，另一些药没有呢？

　　其实"OTC"是非处方药（Over-the-counter drug）的意思，也就是不需要出示执业医师或执业助理医师处方，可以直接出售给消费者的药物。这类药物多为治疗普通疾病的常用药，如感冒药、肠胃药和皮肤病药物等。早在20世纪50年代，一些西方发达国家就开始对药物进行分类管理，根据药物的规格、适应性、剂量和给药途径❶的不同，对其进行分类管理。中国于2000年开始实施《处方药与非处方药分类管理办法（试行）》，人们需要凭借医生开具的相应的处方去药店购买处方药。❷为什么要对药物购买进行限制呢？

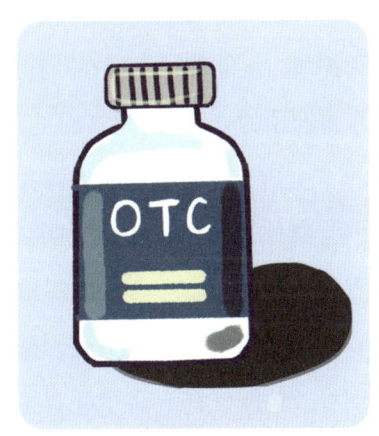

▲ 非处方药

----

❶ 给药途径是指药物进入人体的方法。

❷ 巩少伟 . OTC 药品广告定位问题研究 [D]. 哈尔滨：东北大学，2006.

想必你还记得前文提到的磺胺酏剂，国家除了需要对制药公司生产的药物进行监管，其实也需要对普通民众能直接购买到的药品进行监管。虽然如今网络环境十分发达，人们能够在网络上查找到很多疾病相关知识，但是大部分民众没有经历过至少五年时间的医学专业知识学习，没有获得执业医师资格，很容易被网络上繁杂的信息所误导，因为一些片面之词给自己下了错误的"诊断"，胡乱开具"处方"。如果不对药品购买方式进行监管，抗生素、安眠药等处方药唾手可得，难免会造成不可逆转的后果，人们的无知可能造成滥用和不正确使用药物，药物使用错误甚至会导致死亡。

不管是什么药品，打开包装盒都能见到一张随附的药品说明书。药品说明书是经过生产企业深思熟虑、药品监管部门严格审核的法定文件，包含药品安全性、有效性等重要信息。中国在2006年颁布了《药品说明书和标签管理规定》，对说明书内容进行规范，在指导患者用药的同时，也为其安全使用药品保驾护航。可能你也发现在药物说明书上写了一大堆可能的不良反应，这可不是东拼西凑的"假大空"，而是科研人员总结了成千上万次试验及从人们对药物的"无知"发生的一桩桩惨案所得出的经验。想必你也察觉有很多药物说明书有额外说明孕妇和哺乳期妇女不能使用，这是因为历史上曾出现这样一桩震惊世界的惨案：沙利度胺致畸案。沙利度胺是1952年合成的一种药物，研究人员发现它对治疗失眠、感冒、头痛的效果非常有效，同时其还是一种特别有效的止吐药，对孕吐有抑制作用。[1] 1957年它被制药公司广泛推广，并被孕妇们用来缓解症状。但制药公司犯下了一个致命的错误——他们进行动物实验时并没有将妊娠的动物考虑进去。悲剧就此发生，人们很快发现服用

[1] FRANKS M E，MACPHERSON G R，FIGG W D. Thalidomide [J]. Lancet，2004，363（9423）：1802-1811.

沙利度胺的孕妇所生的孩子存在畸形，据统计，当时沙利度胺的使用至少导致2000名儿童死亡，有10000名孕妇的孩子出现畸形。❶❷这次事件促使许多国家出台更严格的药物测试要求，也让现在的药物说明书的内容变得更为丰富。

▲ 沙利度胺致使婴儿畸形

药物往往都是由复杂的化学成分组成，药物和药物之间可能产生相互作用而影响彼此的治疗效果，甚至还会发生化学反应产生新的物质。此外，药物和食物也有可能产生相互作用而出现不良反应，如葡萄柚会影响一些含有呋喃香豆素❸的药物吸收情况，目前已有超过85种药物能与葡萄柚产生不良反应，200毫升的葡萄柚汁或者一个葡萄柚就可能导致药物在体内蓄积过量，引起中毒反应。❹因此，在使用药物时一定要遵循医嘱，或仔细阅读药物说明书。药物可不是简简单单地治疗疾病，其背后发生的各种生化反应之复杂超乎人们的想象。

另外，药物如同食物一样也存在"保存期限"，药品的有效期是制造商能保证其药效和安全性的日期。虽然美国的一项研究发现，在100多种药物中，90%的药物在超过保质期的15年内仍安全有效，但我们仍不能因此抱有侥幸心理，曾发生过因为服用过期四环素而导致肾功能障碍，进而引起酸中

❶ KELSEY F O. Events After Thalidomide [J]. J Dent Res，1967，46（6）：1201-1205.

❷ VARGESSON N. Thalidomide-induced Teratogenesis：History and Mechanisms [J]. Birth Defects Res C Embryo Today，2015，105（2）：140-156.

❸ 呋喃香豆素成分广泛分布在伞形科、芸香科、豆科、菊科等植物中，如我国传统中药白芷、独活、前胡、当归、补骨脂等。

❹ BAILEY D G，DRESSER G，ARNOLD J M. Grapefruit-medication Interactions：Forbidden Fruit or Avoidable Consequences? [J]. CMAT，2013，185（4）：309-316.

毒的事件。❶药物需要有效保存，如光照、湿度、温度等因素，会造成药物中的有效化学成分发生分解，导致药物分子结构的改变，从而减弱或失去其原有的治疗效果。光照中的紫外线和可见光可以引发药物中化学成分的光敏反应，导致分解，从而使药效减弱。四环素类药物如盐酸四环素、强力霉素等，在光照下会降解，产生降解产物如差向四环素。湿度可能导致药物分子发生水解反应，尤其是对于易溶于水的药物。例如，用于治疗细菌感染的氨苄青霉素，它可能会与水分子发生反应，产生水解产物如青霉烯酸，导致氨苄青霉素失去原有的药效。温度的变化可以加速药物中化学反应的速率。高温可能引发氧化、水解、聚合等反应❷，而低温则可能导致药物结晶❸，影响其可溶性。例如，感冒时常会利用维生素C泡腾片来提高免疫力，如果将泡腾片置于过热的水中，会产生大量的气体，泡腾片会迅速分解，失去原有的疗效。总之，使用药物前需要查看其生产日期、有效期和失效日期，要留意是否出现异常的外观或气味，并参考药物说明书，确保我们在使用药物时能够获得最佳的治疗效果，同时减少不必要的健康风险。

　　药物是每个人都会接触到的事物，能够治疗疾病、缓解疼痛、对抗细菌感染。但正确使用药物才是将药效发挥最好、科学对抗细菌的关键。在医生的指导下使用药物，仔细阅读说明书，正确储藏，不多用、不乱用，有助于疾病的恢复，降低细菌对药物的抵抗，保障自身和整个社会的健康。

---

❶ POMERANTZ J M. Recycling Expensive Medication : Why Not? [J]. Med Gen Med，2004，6（2）：4.

❷ 氧化反应在狭义上指物质与氧化合，广义上指失电子反应。水解是一种化工单元过程，是利用水将物质分解形成新的物质的过程。聚合反应是指将单体分子通过共价键相互作用形成高分子化合物的一类化学反应。

❸ 结晶是指溶质（这里的溶质指药物）以晶体的形式析出。

部分药物，如用来降低胆固醇的他汀类药物，会被酶分解。葡萄柚汁可以阻断这些酶的作用，增加体内的药物量，并可能引起更多的副作用。

部分药物，如用于治疗过敏症的阿莱格拉(非索非那定)，通过转运蛋白进入人体细胞中。葡萄柚汁可以阻碍运输，减少体内的药物量，使药效减弱。

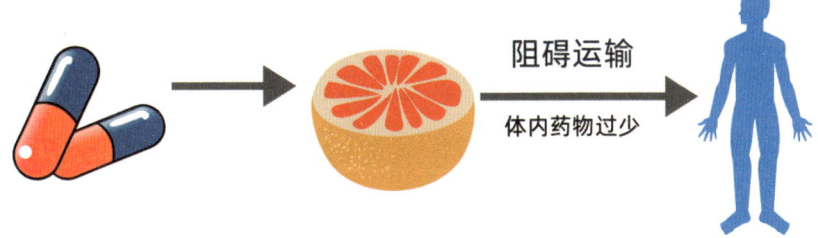

▲ 葡萄柚对药物效果的影响

Tips: 药物说明书指南

阅读药物说明书是确保正确、安全使用药物的关键步骤。以下是一些你可能在药物说明书中找到的常见信息和解读它们的一些建议：

- 药物名称和成分：包含药物的通用名称和品牌名称，以及主要成分的列表，有助于患者理解药物的类别和作用。

- 适应证：描述药物用于治疗的特定疾病或症状，有助于患者确认医生为什么开具这种药物。

- 用法和用量：提供有关如何正确使用药物的详细信息，包括剂量、用法、频率和持续时间，患者应确保按照医生或药剂师的建议使用。

- 禁忌证：列举了不应该使用该药物的情况，可能是由于特定的健康状况或药物相互作用。患者应仔细查看禁忌证，以确保没有使用该药物的禁忌证。

- 不良反应：描述可能出现的药物副作用，并按照其发生的频率进行分类，以帮助患者了解可能的风险。

- 注意事项和预防措施：包含患者在使用药物期间应该采取的特殊注意事项，以及可能发生的问题的预防措施。

- 药物相互作用：描述可能影响药物效果的其他药物、食物或物质。

- 孕妇和哺乳期妇女的使用：提供有关药物在孕妇和哺乳期妇女中的使用安全性的信息。

- 儿童和老年人的使用：提供有关药物在儿童和老年人中的使用安全性和剂量的信息。

- 药物储存：提供有关药物存放条件的建议，包括温度、湿度和光照等方面的信息，按照说明正确储存可以确保药物的有效性。

- 药物过量：描述过量可能导致的症状和处理方法。

- 其他信息：可能包括药物的生产商信息、批号、有效期限等。

41. 生命在于运动

　　西方国家同中国一样注重身体的修炼，相信大家都听过启蒙运动❶先驱者伏尔泰的名言 "la vie est movement."，也就是生命在于运动。早在公元前65年，有一位罗马政治家就提出 "只有锻炼才能支撑精神，保持头脑活力"。体育运动也是古希腊人不可缺少的精神生活的一部分，体育馆（gymnasium）一词就源于希腊语，意为进行体育锻炼的公共场所。最早的体育馆记录能追溯到3000多年前的古波斯，他们在非常大的罗马浴场中配备完善的健身设备，鼓励大家追求健康的生活。这也是后来德国教育家弗里德里克·路德维希·扬（Friedrich Ludwig Jahn）在1811年建立第一座室外体育馆的灵感来源。在全球殖民化浪潮❷中，欧洲国家对体育和体育比赛的热情也迅速感染其他国家。进入19世纪，越来越多的国家纷纷在学校课程中增设培养学生身体健康、强健体魄的项目。这类举措不仅提升了全球青少年的身体素质，更促进了欧洲体育文化的繁荣与发展。❸

❶ 启蒙运动指发生在17—18世纪的一场资产阶级和人民大众的反封建、反教会的思想文化运动，是继文艺复兴后的又一次伟大的反封建的思想解放运动。

❷ 15世纪末至16世纪初，资本主义向外扩张，向海外殖民。工业革命使世界联系更加密切，东方从属于西方。资本主义向外扩张，在世界各地倾销商品和掠夺原料，必然导致各地联系加强。

❸ LUMPKIN A. Introduction to Physical Education，Exercise Science and Sport Studies [M]. New York：McGraw Hill Publishing Co，2013.

随着现代社会经济的快速发展，快节奏的生活方式、高强度的工作压力和不健康的饮食习惯等因素导致越来越多的"脆皮少年"出现。现代文明带来的高血压、肥胖症、心血管疾病等"文明"病，让需要久坐的学生及一些工作人员的身体素质变差。从一份20世纪90年代中国有关部门的调查结果中可以发现，知识分子平均寿命为58岁，比全国平均寿命还要低10岁。当时，人们对知识分子群体的描述是"高智能，低体能"。更可怕的是，当时学校对学生的体育成绩不甚关心，学生体质得不到提升。1985年和1995年对中国国民体质监测的结果发现，中国学生的心肺能力大幅度低于1979年的监测结果。为解决这一问题，1999年，《中共中央 国务院关于深化教育改革全面推进素质教育的决定》提出："健康体魄是青少年为祖国和人民服务的前提，是中华民族旺盛生命力的体现，学校教育要树立'健康第一'的思想，切实加强体育工作。"在1914年之前，清华大学已经有组织地让学生进行日常锻炼，这可以说是我们所熟知的"课间操"的初步形式。随后，课间操经过了多次改进和完善。到了2002年，考虑到不同年龄段中小学生的身心发展需求，正式推出了五套适合的课间操内容。[1]课间操不仅为学生提供了在繁重学习中的一次"忙里偷闲"机会，也是在长时间久坐间隙难得的锻炼机会。

早在1949年，就有人发现运动与身体健康息息相关。一位苏格兰的流行病学家发现，具有相似职业的男性心脏病发病率会因为运动水平不同而存在差异：需要不断走动的公交车售票员的心脏病发病率要明显低于久坐的公交车司机。[2]研究表明，每天进行1小时以上的锻炼可以降低过早死亡、心血管

---

[1] 陈颖悟. 我国中小学课间操的产生、现状及发展研究 [D]. 南昌：江西师范大学，2004.

[2] MORRIS J N，HEADY J A，RAFFLE P A，et al. Coronary Heart-disease and Physical Activity of Work [J]. Lancet，1953，262（6795）：1053-1057.

疾病、脑卒中和癌症等疾病发生的风险。[1]适度运动可以促进血液循环，加速血液中免疫细胞的流动，使它们更加迅速地到达身体各个部位，进而提高免疫细胞的效率，加强它们对病毒和细菌等外部入侵的防御。运动还可刺激免疫系统释放一系列激素和细胞因子[2]，如白细胞[3]、抗体等，从而增强免疫细胞的活性，为抵御病原体提供了更强大的武器。研究发现，适度的运动可以将上呼吸道感染的发病率降低29%，但过量运动可能会损害免疫细胞功能，反而增加感染的风险。[4]

当人体很难从剧烈运动中恢复过来时，可能就是过量运动了。运动过度涵盖了连续高强度训练、频繁的高强度运动、长时间的有氧运动、高难度动作、不适当的恢复、无计划的运动、过度竞争及忽略疼痛信号等情况。当运动过后出现持续性的肌肉酸痛、休息后也无法缓解的疲劳、静息心率[5]升高、受伤频率增高是过量运动的表现。[6]过度运动可能造成过度疲劳、慢性伤害、免疫系统下降和生理心理压力增加。

运动的种类繁多，包括但不限于有氧运动、力量训练、柔韧性训练、平衡性训练等。面对如此多的选择，我们如何明智地选取适合自己的运动方式

---

[1] GARCIA L，PEARCE M，ABBAS A，et al. Non-occupational Physical Activity and Risk of Cardiovascular Disease，Cancer and Mortality Outcomes：A Dose-response Meta-analysis of Large Prospective Studies [J]. Br J Sports Med，2023，57（15）：979-989.

[2] 细胞因子是一类能在细胞间传递信息、具有免疫调节和效应功能的蛋白质或小分子多肽。

[3] 白细胞是人类血液中非常重要的一类无色、球形、有核的血细胞。当外来病菌侵入人体内，白细胞可通过变形穿过毛细血管壁，迅速集中到被病菌入侵部位，将病菌包围并吞噬。

[4] GLEESON M. Immune function in sport and exercise [J]. J Appl Physiol（1985），2007，103（2）：693-699.

[5] 静息心率（RHR）是指在清醒不活动的情况下每分钟的心跳次数。

[6] JOHNSON M B，THIESE S M. A Review of Overtraining Syndrome-recognizing the Signs and Symptoms [J]. J Athl Train，1992，27（4）：352-354.

呢？对于有肌肉骨骼伤痛问题、受过伤或有关节炎的人来说，游泳被认为是最佳选择，既能锻炼心肺功能❶，又可减轻对关节的冲击。此外，适量的跑步有助于提高心肺健康，但有关节问题的人需要控制跑步的频率，应该选择较软的跑道或泥路，以减小冲击。这些运动大多是有氧运动，人们在运动过程中充分利用氧气以满足能量需求，即持续锻炼一定时间，使心率达到一定水平。有氧运动不仅能够提高心肺功能，还有助于减脂、降压及改善情绪。此外，包括力量训练在内的无氧运动可以在短时间内完成高强度的锻炼。力量训练不仅可以增强肌肉、增加骨密度❷，还能提高基础代谢率❸，促进身体的整体健康。合理搭配有氧运动和力量训练，能够达到更全面的健身效果。

纵然大家深知三分钟的伸展操、五分钟的慢跑，甚至十组波比跳都能为我们的免疫系统注入勃勃生机，但在工作狂潮中轻松、迅速地将运动融入生活，却是现代人面对的一项艰巨挑战。目前，人们逐渐将运动融入工作和生活中。例如，利用短暂的休息时间进行站立、走动或进行简单的拉伸，这不仅有助于缓解工作压力，还能够促进血液循环，增加大脑的活跃度。同时，需要合理规划每天的时间，为运动留出专门的时段。规律性的运动习惯有助于培养良好的生活作息，从而提高免疫系统的稳定性。此外，将社交活动与运动相结合也是一个不错的选择。平时与朋友一同参加健身课程、组织团队团建活动，既能够增加运动的趣味性，也能够促进社交关系。这种方式既丰富了

---

❶ 心肺功能泛指由氧运输系统通过肺呼吸和心脏活动推动的血液循环向机体输送氧气和营养物质，从而满足各种人体生命活动物质与能量代谢需要的生理学过程。

❷ 骨密度的全称为骨骼矿物质密度，可以预测骨质疏松性骨折发生的可能性。

❸ 基础代谢率在每日能量总消耗中占 60%~70%，是反映成年人能量消耗量的重要指标。

日常生活，又为免疫系统注入了积极的能量。通过这些简单可行的方法，将运动融入日常生活，可以为免疫系统带来全新的活力，保障身体和心理的双重健康。

Tips：中国古代传统运动方式有哪些呢？

回溯悠久的历史长河，中国从古至今传承着丰富多彩的健身运动，如八段锦、太极拳、气功等。这些运动方式不仅是千年文化递承的象征，更是促进身体健康的有效途径。

- 八段锦：起源于唐代，构建于八个简单而有序的动作之上。通过舒展、转动、屈伸等动作，促进血液循环、增强关节灵活性、改善腰酸背痛、提升免疫力。

- 太极拳：作为内外兼修的武术，强调意念引导身体运动，平稳而深沉。太极拳的练习有助于调整身体的气血流动，提升肌肉与骨骼的协调性，在心肺功能的提升和缓解压力方面有显著的益处。

- 气功：是一种通过调节呼吸、运动和意念来维持身心健康的传统功法。其练习有助于提高气血流通、调整脏腑功能、增强体内能量，对预防疾病、促进身体自愈能力有着积极的影响。

这些古老的健身传统不仅在促进身体健康方面具有卓越的效果，更蕴含着深厚的文化内涵，在精神内核上弘扬着中国文化的独特精神。

42. 细菌退场，健康登场

　　1948年，世界卫生组织提出："健康不仅是没有疾病，而且包括躯体健康、心理健康、社会适应良好和道德健康。"人类对于健康的定义随着时间推移而演变，在这之前，人们认为，只要不受疾病干扰、没有微生物感染，就是非常健康的状况了。但事实上，病毒、细菌等微生物感染其实也是受到躯体以外因素的干扰，饮食、运动、休息，甚至心理疾病都能通过干扰身体免疫系统等给细菌"可乘之机"。因此，人们需要增强身体素质，规律生活，维持身心健康。

　　"吃"不仅仅是关乎味觉的一场美妙的体验，更与我们的健康息息相关。通过平衡膳食和摄入足够的营养素，来维持身体的稳定状态，从而增强免疫系统的功能。平衡膳食可以确保我们摄入足够的糖类、蛋白质、脂肪、维生素、矿物质和其他重要营养素，从而帮助身体维持免疫功能的正常运作，营养均衡的饮食结构是维持免疫系统高效运转的关键。膳食中的各种营养素，包括维生素、矿物质、蛋白质和健康脂肪，能提高细胞活力，增强身体的免疫功能，从而助力抵抗疾病。

　　食物金字塔是关于每人每天从不同基本食物组中摄入最佳份量的一个指南，最早于1974年在瑞典出版，1992年美国农业部推出更合理的"食物指南金字塔"。但在2011年，美国继续推出更具个性化的MyPlate，建议人们按照40%的蔬菜、30%的谷物、20%的蛋白质、10%的水果，以及1杯乳制品进行饮食。蔬菜和水果可以提供维生素C、维生素E、β-胡萝卜素和其他抗氧化物质，有助于中和自由基❶，增强免疫力，同时它们具有较少的脂肪，能控制人们摄入的热量。全谷类食物提供糖类，也富含各类营养素，如B族维生素和膳食纤维。畜禽肉、鱼虾、豆类、坚果等食物富含蛋白质，是人体获取必需氨基酸的重要来源。蛋白质是身体组织的重要组成部分，也是抗体的主要组成物质，能够帮助身体抵御病原体。此外，优质脂肪如富含ω-3脂肪酸的食物，如鱼类、鳄梨和坚果，对于减轻炎症反应和维持免疫系统平衡也非常重要。另外，乳制品是优质蛋白质和钙的来源。

摄入所需的营养后需要合理吸收和利用，适当的运动和休息有助于营养的转换。前面也提到运动可以通过提高身体素质、增强骨骼肌肉力量、改善心血管系统使人们拥有更健康的生活，但休息对人们来说也至关重要。人生中有将近三分之一的时间都被睡眠占据，睡眠不足不仅会导致身体疲劳、注意力不集中和记忆力下降，还会削弱免疫力。人在处于睡眠阶段时，身体大部分系统其实并没有休息，反而处于合成代谢的阶段，免疫、神经、骨骼和肌肉系统都在慢慢恢

▲ 美国膳食指南

---

❶ 自由基是分子失去一定量的电子后形成的原子或基团，它几乎无处不在。

复。❶成年人每天需保证7~8小时睡眠时间。有研究表明，长期睡眠不足的人（小于等于6小时）患感冒的可能性是得到充足睡眠的人的4倍。❷但是睡眠时长过长同样对身体健康不利，长时间的睡眠会导致心脏活动减弱，器官供血不足，引发大脑缺血缺氧，出现"越睡越困"的现象，同样影响机体的免疫力。

人类有三分之二的疾病与心理健康有关，在20世纪中叶就有人发现精神病患者的免疫细胞较少，接种百日咳疫苗的效果较差。❸与情绪稳定的人相比，消极情绪的人机体内的炎症水平会增加53%左右。长期的精神压力和焦虑状态对免疫系统可能产生负面影响。这主要是因为消极情绪会促进体内产生更多催产素、皮质醇❹等激素，而这些激素波动可能抑制免疫细胞的功能，进而使身体更容易受到感染。❺此外，有研究发现，心理健康良好的个体更可能快速从疾病中恢复，而抑郁或焦虑的人则可能更易于受到感染或患上慢性疾病。为了保障健康，我们可以采纳一些有利于心理健康的策略，如冥想和深呼吸，以减轻压力、放松自己，间接地增强免疫系统的功能。

健康=情绪稳定+运动适量+饮食合理+科学的休息，遵循这种生活方式，细菌一定黯然离场，健康则会闪亮登场。

---

❶ KRUEGER J M，FRANK M G，WISOR J P，et al. Sleep Function：Toward Elucidating an Enigma [J]. Sleep Med Rev，2016，28：46-54.

❷ PRATHER A A，JANICKI-DEVERTS D，HALL M H，et al. Behaviorally assessed sleep and susceptibility to the common cold [J]. Sleep，2015，38（9）：1353-1359.

❸ VAUGHAN W T，SULLIVAN J C，ELMADJIAN F. Immunity and Schizophrenia：A Survey of the Ability of Schizophrenic Patients to Develop an Active Immunity Following the Injection of Pertussis Vaccine [J]. Psychosom Med，1949，11（6）：327-333.

❹ 皮质醇是肾上腺在应激反应中合成和分泌的一类最主要的糖皮质激素。每日分泌量有昼夜节律变化，清晨空腹分泌最高，对机体的糖代谢有直接或间接的影响。

❺ 王阳. 抑郁及焦虑情绪对胃癌化疗患者消化道功能反应的影响 [D]. 唐山：华北理工大学，2018.

Tips：抑郁症不是脆弱的表现！

抑郁症是一种常见的心理健康障碍疾病，它会影响个体的情绪、思维和身体健康。正确认识和看待抑郁症是非常重要的，这有助于消除对抑郁症患者的社会歧视，促进对心理健康的理解和支持。

抑郁症与身体其他疾病一样，并不表示一个人缺乏意志力或毅力，而是涉及生理和心理的复杂问题。其症状多种多样，包括情绪方面的沮丧、焦虑、失眠或过度睡眠、食欲改变、注意力和记忆力减退、疲劳感、体重变化等。

抑郁症的发生可能由多种因素引起，包括生理因素（遗传因素、脑化学不平衡等），心理因素（创伤经历、生活压力、人际关系问题等）及生活因素（睡眠不足、不良饮食、缺乏运动等）。

抑郁症需要进行专业治疗，早期诊断和治疗对于预后非常重要。如果怀疑自己或他人有抑郁症状，应及早寻求专业的心理医生或精神卫生专家的帮助。